GONGLU JIAOTONG CAIWU KUAIJI WENTI YANJIU

# 公路交通财务会计问题研究

史罕明◎著

人民交通出版社
China Communications Press

## 内容提要

本书共收录作者著作文章48篇。作者密切结合交通行业财务会计实务进行了较深入的财会理论研究，特别在有关政府还贷公路财务管理与会计核算方面有许多独到见解，提出了许多鲜明的观点和思路，对进一步丰富和发展有公路交通行业特色的财务管理与会计核算理论体系作出了重要的贡献。全书分为财会基础篇、财会专业篇和财务延展篇。

本书可供交通行业财务工作者学习参考，也可供其他行业的财会人员参考。

**图书在版编目(CIP)数据**

公路交通财务会计问题研究/史罕明著. —北京：人民交通出版社，2012.12

ISBN 978-7-114-10196-0

Ⅰ.①公… Ⅱ.①史… Ⅲ.①公路运输—财务会计—研究 Ⅳ.①F540.58

中国版本图书馆 CIP 数据核字(2012)第269981号

**书　　名**：公路交通财务会计问题研究
**著 作 者**：史罕明
**责任编辑**：戴慧莉
**出版发行**：人民交通出版社
**地　　址**：(100011)北京市朝阳区安定门外外馆斜街3号
**网　　址**：http://www.ccpress.com.cn
**销售电话**：(010)59757969，59757973
**总 经 销**：人民交通出版社发行部
**经　　销**：各地新华书店
**印　　刷**：北京密东印刷有限公司
**开　　本**：720×960　1/16
**印　　张**：15.5
**字　　数**：240千
**版　　次**：2012年12月　第1版
**印　　次**：2012年12月　第1次印刷
**书　　号**：ISBN 978-7-114-10196-0
**定　　价**：40.00元
(有印刷、装订质量问题的图书由本社负责调换)

# 序

经济越发展,会计越重要。这句名言不仅体现了现代会计的魅力,也揭示了现代会计需要适应现代经济管理的发展要求并在一定程度上具有促进经济发展的重要作用。

改革开放以来的三十四年,是我国公路交通事业发展最快的时期。我国国民经济快速发展对加快公路基础设施建设的迫切需要,以及国家给予公路交通基础设施建设的若干优惠扶持政策,极大地促进了我国公路交通事业的快速发展。1997 年 7 月的东南亚金融危机以及 2008 年 9 月的国际金融危机,虽然对我国国民经济发展产生了一定的不利影响,但也为我国公路基础设施建设带来了难得的发展机遇。党中央、国务院决定采取积极的财政政策,把加快包括公路在内的基础设施建设作为扩大内需的重点,以确保国民经济持续、快速与健康发展。到 2011 年年底,我国公路总里程达到 410.64 万公里,其中高速公路 8.49 万公里,形成的资产价值超过 10 万亿元,为我国国民经济和社会协调可持续发展提供了坚实的交通保障。

公路交通事业的快速发展给我们提出了一个新的研究课题:我们应当如何通过加强对公路建设、公路养护和公路经营方面的财务管理与会计核算工作以促使公路投资效益的不断提高,为国民经济的进一步发展做出新的、更大的贡献?

公路交通行业的广大理论工作者和实务工作者为建立和不断完善具有公路交通行业特色的财务会计理论与方法付出了辛勤的劳动,也取得了可喜的研究成果,初步形成了公路交通行业财务会计的理论框架。但总的来看,有关公路交通财务会计理论与方法研究还相对滞后;财务会计核算实践还具有一定程度的盲目性和主观随意性。这意味着进一步加大对公路交通行业财务会计理论研究的力度，尽早建立与社会主义市场经济体制相适应的公路交通行业财务会计理论与方法体系，以利于对财务会计实践发挥重要的指导与规范作用，已成为当务之急。

史罕明先生是我的学生。他在长安大学（原西安公路学院）会计学专业学习期间的勤奋好学和刻苦努力，给我留下非常深刻的印象。毕业后多年来，他在陕西省交通系统多家企事业单位承担财务管理与会计核算的重要职责，不仅积累了丰富的实际财会工作经验，有效地提高了分析与解决公路交通行业财务会计实际问题的能力，而且由于他的主观努力，在密切结合交通行业财务会计实务进行较深入财会理论研究方面取得较大的成效，特别是在有关政府还贷公路财务管理与会计核算方面有许多独到见解，提出了许多鲜明的观点和思路，具体体现在本书中的相关论文中，为进一步丰富和发展有公路交通行业特色的财务管理与会计核算理论体系作出了重要的贡献。

本书既是对史罕明先生多年从事公路交通行业财务会计管理工作取得成效的科学总结，呈现了史罕明先生财会生涯的历史轨迹，也是史罕明先生多年从事公路交通财会理论研究辛勤耕耘的智慧结晶，现通过正式出版呈现给广大读者，希望能够为进一步深入公路交通行业财务会计理论与实务研究提供有益的借鉴，通过交通行业广大财会理论工作者和实务工作者的共同努力，为进一步完善和发展公路交通行业财务管理与会计核算体系作出新的贡献。

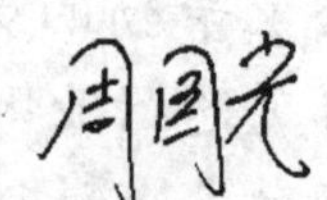

**2012 年 8 月于长安大学**

# 目录

Mulu

# 财会基础篇

# 财务与会计关系浅说

[摘　要]　本文通过对财务与会计的概念、职能、方法、原则、依据、要求等方面的分析与比较，阐明了财务与会计间相互依存又相互独立的关系，为财务职能的有效发挥和会计作用的切实体现在理论上予以支持。

[关键词]　财务　会计　关系　浅说

## 引　言

财务与会计这两个看似不同却又难以分清的概念在我国实在像是烟和雾，包括会计界在内的大部分人说不清、道不明两者之间的关系。

新中国成立后，我国是在计划经济体制下建立的财务会计概念，运用着计划经济时代的财务会计理论指导财务会计实务工作。当时国家实行“统收统支”的大包干政策，产品实行统一定价，企业（实际上相当于现在的车间或班组）对人、财、物无权进行自主管理，供、销活动无须企业过问，没有真正意义上的市场、商品，因而不可能有实际意义的理财（包括聚财、生财、用财）活动，财务没有存在的土壤和条件，往往被会计淹没，不可能实行财务与会计的严格区分，掩盖了两者之间的差别，以致经常把两者作为一个整体来看待。历史遗留的观念、方法对今天人们的影响依然深远，确实有必要花一定力气对两者的本质关系作一探讨，让更多的人了解、理解与人们息息相关的财务会计工作，让财务会计人员理直气壮地履行财务管理职能，发挥会计核算和监督作用，使我们财务人员的地位逐步提高，使财会工作对企业、对社会的贡献越来越大。

## 一、财务与会计概念、职能、原则比较

财务管理是有关资金的筹集（筹资）、投放（投资）、分配（股利分配）等方面管理工作的总称，即主要负责资金的形成（目标是资金成本最低）、使用（目标是投资效益最大）、盈余处理（目标是稳定现有股东，

吸引潜在投资者)等管理和决策工作。

会计是通过一系列专用方法,按照通用的准则和规范对经济事项、经济业务以货币方式确认、计量企业资金形成过程,使用过程、盈余处理过程及其结果,按照规定格式记录并报告这些过程和结果的工作。只有通过“国际通用的商业语言”——会计传送、表达的情报和信息,才能被国际商界听懂、看懂,才能依据这些情报和信息作出是否投资、是否贷款、是否进行相关经济业务的决策。

财务职能是预测、决策、计划、控制经济事项。

会计职能是确认、计量、记录、报告经济事项。

会计是总结过去,财务是展望未来。

会计活动结束之时就是财务活动开始之日。会计以会计报表为终点,财务以会计报表为起点,通过预计资产负债表、预计损益表方式规划未来经济活动,预测未来的资金需求。

财务管理须遵循自利行为、双方交易、信号传递、引导、有价值的创意、比较优势、期权、净增效益、风险报酬权衡、投资分散化、资本市场有效性、货币的时间价值十二条原则;会计核算要遵循客观、可比、一贯、相关、及时、明晰、权责发生制、配比、历史成本、划分资本性支出与收益性支出、谨慎、重要、实质重于形式十三个会计基本原则。财务与会计遵循的原则相差极大,两者的异同显而易见。会计核算的基本前提——会计主体、持续经营、会计分期、货币计量是会计的直接前提,同样也是财务管理的前提,如果没有此前提,财务管理工作同样无法进行。

从财务与会计的概念、职能、原则比较可以看出:财务与会计的相互独立性较强,同时也存在着非常密切的相互依存关系,没有会计职能的切实体现和有效发挥,财务职能的实现和充分发挥如无米之炊;同样,如果没有财务的预测、计划、决策、控制,会计确认、计量的数据信息,记录、报告的情报资料对企业单位的经济管理参谋作用甚小,财务与会计作为经济管理的重要手段之作用很难发挥,财务部门的作用难以充分体现,财会人员的地位就难以真正提高。

**二、财务与会计的依据、方法、要求、工作范围比较**

财务的预测、决策、计划、控制没有具体的法律、规章约束;会计的确认、计量、记录、报告有会计法、会计准则、会计制度约束;会计是被动

执行,财务是主动创造;会计有证、账、表等一系列法定的核算方法,要求准确、客观、全面;财务无证、账、表等法定方式,其预测、决策、计划、控制过程无准确、客观性要求,它带有很大的主观成分。

财务管理的重点是筹资、投资、分配,其多数事项会计不予反映,如方案的选择过程,方案的影响会计均不作记录。会计真正记录的是已经实施的决策结果引起的资金流入或流出;财务时时要运用好货币的时间价值与投资的风险价值的理论与方法对经济事项进行计算、决策;会计以历史成本原则为基础,不考虑货币的时间价值与投资的风险价值。

就存货管理而言,财务注重存货采购批量、采购成本、储存成本、机会成本等因素的比较,取舍标准为总成本最低;会计只以财务决策和计划好的数量、价格、时间等按实际付款额或应付款额或企业设定的存货价格确认、计量、记录、报告,不考虑隐含的储存成本、缺货成本、机会成本等因素。





会计运用复式记账原理按借贷记账法对经济事项进行记录,财务则无须记账,其记录方式没有限定,并且财务在预测、计划时没有资金占用与资金来源相互对应的要求,算资金来源(财务称为筹资)不考虑资金占用(财务称为投资),财务是在已知筹资下算(计划)投资去向,在已知投资下算(计划)筹资来源,其基本理念是筹资成本最低,投资效益最大,但这里的"成本最低"和"效益最大"财务自身无法给出答案,必须通过会计记录的经济活动结果(会计报表)来衡量和考核是否达到了预测和计划的目标,此为财务控制和评价。

有些经济活动只有财务参与,会计并不参加。

如企业的兼并与收购活动,财务须对并购收益、并购溢价、并购费用、并购净收益等作出预测,这其中财务人员要进行大量的调研、谈判工作,会计则在未达成协议和付诸实施前无须进行任何工作,只有真正有款项收付或确定并购活动的债权债务时才开始工作,对已确认部分进行计量、记录和报告。

从财务与会计的依据、方法、要求比较可以看出:财务与会计的差别极大,会计有严格的依据、相对固定的方法、较为明确的要求、相对具体且较窄的核算范围;财务的依据较为宏观、方法非常灵活、要求相对宽松、范围较为宽泛,两者的依据、方法、要求、工作范围差异性较大。

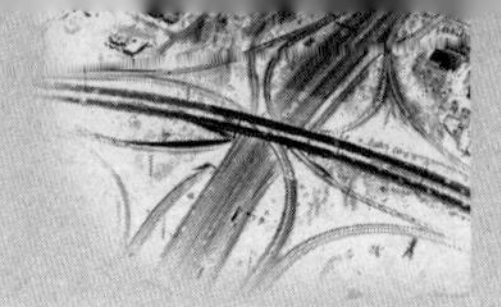




## 三、西方对财务与会计的机构设置借鉴

在西方，财务(Fianance)与会计(Accounting)分属两个不同的部门。财务部门属于业务管理部门，以资金流为管理对象，具有直接决策的职能，由财务主任(Treasurer)领导。会计部门不是业务管理部门，是综合性的信息部门，以信息流为管理对象，是决策支持系统的重要组成部分，由会计主任(Controller)领导。

## 四、财务和会计的内涵随着社会经济的发展逐步丰富

20世纪初，许多美国公司通过增加资本、兼并、联合等活动成立了一些大公司，要求研究诸如兼并、联合以及发行股票、债券等问题，财务管理就作为一门学科应运而生。随着20世纪30年代出现的经济萧条，许多公司清理歇业、破产倒闭，财务管理的任务转而侧重于解释研究公司盈利能力、公司改组、清理和证券市场等问题；第二次世界大战结束后，世界经济日趋繁荣，财务管理的任务发展到注重分析投资机会，有效利用资产，探索投资最优决策问题。20世纪60年代开始，计算机使用日益普遍，人们开始重视数学模型，更使财务管理的分析职能强化，使财务管理由解释经济现象进而分析经济现象，由事后提供报告转为事先分析，作出决策，事中进行控制和反馈。财务管理的职能由静态转变为动态，为管理决策提供决定性的依据。

会计作为经济事项的"录像机"、"照相机"，对企业发生的经济事项应作出记录，如实进行反映。新会计准则的出台就是顺应经济社会的需要而产生的，股票、债券、关联交易、债务重组、非货币性交易、租赁、清算会计等均是随着社会经济的发展变革而产生的。

可以预言，随着社会经济的发展变革，财务与会计的内涵还将不断丰富，它们均将随着社会经济的发展而逐步成长、成熟。

(本文发表在《陕西交通会计》2010年第4期)

# 财务管理综合性的十种体现

[摘　要]　本文通过对财务管理对象、过程、环境、职能、政府管理部门要求、企业管理者要求、企业内部单位、部门、职工要求，企业业务合作方要求、财务管理内在要求、平衡各种利益关系等方面的综合性阐述，让人们充分认识做好财会工作的艰巨，期望大家更加理解和支持财务工作。

[关键词]　财务管理　综合性

财务管理是经济管理的重要组成部分，是经济管理的基石，是微观经济管理的核心和精髓。这里所说的财务管理包括财务管理和会计核算两方面内容。有识之士提出了“经济越发展，会计越重要”，“企业管理以财务管理为中心”的理念，但真正理解这些至理名言的人并不多。

人们常说，财务管理是一项综合性很强，较为复杂的工作，但其综合性到底有多强，有多复杂，许多人说不清。广大财务人员不辞辛劳、默默工作，付出了其他岗位数倍的劳动，到头来还是有许多问题未处理好，受到领导批评，职工也不满意。在许多单位，财务工作得不到足够重视和有力支持，财务人员地位不高、待遇不好，这源于大家对财务工作的综合性、复杂性认识不足，对财务工作的重要性和难度没有正确认识和全面了解，对财务人员的辛勤劳动没有真正理解。本文就财务管理的综合性予以浅显分析，让大家充分认识和全面了解财务管理工作，从而达到逐步理解和支持财务工作的目的。

笔者认为，财务管理的综合性主要体现在以下十个方面。

一是管理对象的综合性。

财务管理是对资金及其运动的管理，它涉及单位人、财、物等全部资源，每种资源引起的资金变化过程和变化结果都须在财务管理及相关的会计核算中得到反映。人员的增减、人员工资、福利、社保的变化等情况财务部门均有记录；资金的进出，物质资源的增减变动财务账务都有详尽记载，这是财务人员工作内容的综合性表现。

二是管理过程的综合性。

财务管理关注单位供、产、销活动，关注筹资、投资、经营活动，关注利润分配等单位经济活动的全过程，每一过程每种资源的变化过程和结果都须在财务管理及其相关的会计核算中得到体现。这是财会人员工作过程的综合性表现。

三是管理环境的综合性。

社会经济环境的复杂性，相关法规体系不完善、部分法规相互矛盾，各主管部门间对同一经济事项在财务上要求的大相径庭，使财务管理与会计核算有时无所适从，左右为难。这是财会人员工作环境复杂性的体现。

四是管理职能的综合性。

财务管理的预测、决策、计划、控制职能每一项的实施过程都非常复杂，实施结果很难满足各方意愿。

会计核算的确认、计量、记录、报告职能每一项的实施都有严格规范，不断修改的规范和日新月异的经济事项使会计确认、计量、记录、报告不断面临新课题。这是财会业务本身综合性、复杂性的体现。

五是政府管理部门要求的综合性。

单位财务部门对外与财政、税务、工商、海关、审计、行业主管等部门有非常密切的联系，各业务主管部门的要求和执行结果都须在财务与会计信息中予以披露。这是政府众多部门对财会人员要求多样性的体现。

六是企业管理者要求的综合性。

企业所有者的要求和满足过程、满足结果，企业经营者的管理思想和经营行为，企业监管者的监管要求和结果都须通过财务与会计予以反映。这是企业内部管理者对财会人员要求多样性的体现。

七是企业内部单位、部门、职工要求的综合性。

企业内部各单位、各部门、每位员工对财务工作有多种要求，拨款要多、要快，使用要少受限制，各项业务经费要给予支持和保障，特别是依据不足、程序不全的事项，希望给予关照，职工报销各种费用要尽量不卡、少卡，这种内部各单位、部门、员工要求与财务制度、财经纪律有冲突的地方时时存在，财务人员要坚守财经纪律和财务制度，为单位把好关，为职工服好务。这是企业内部单位、部门、职工要求综合性的体现。

八是企业业务合作方要求的综合性。

企业债权人、债务人，供货方、销货方，参股经营方等业务合作方的不同要求要通过财务与会计予以反映。这是企业业务合作方要求多样性的体现。

九是财务内部管理要求的综合性。

持续经营要求财务与会计信息保存期限较长，有连续性，这与会计分期一同给财务管理和会计核算增加了不少难度，仅查阅档案即使财会人员工作量增加数倍；会计主体使财务管理和会计核算空间相对固定，固定的会计主体与变化的经济业务、变动的财会人员使长期、连续的会计信息在质量上参差不齐，增加了财会人员提供符合现行要求会计信息的难度。这是财会人员劳动强度大、要求高，默默工作很难出成绩的体现。

十是平衡各种利益关系的综合性。

平衡各种利益关系是财务部门难度最大的工作。财务工作要在国家、集体、个人利益间寻找平衡，要在所有者、经营者、债权人、企业各部门、各下属单位、每个职工利益间寻找平衡，综合性极强。满足了一方利益，其他各方利益可能会受到侵害。财会人员不得不在各类人员、各种利益间寻找平衡。人们所说的财会人员“站得住的顶不住，顶得住的站不住”就是对这一现象的形象描述。

**结束语**

综上所述，财务管理无论从广度还是深度，无论从政策角度还是技术角度，其难度和综合性是其他管理工作无法企及的。无论对政府管理部门、企业管理者还是企业业务合作方及相关人员，平衡各种利益关系是财务管理要始终关注的问题，同时也是最难处理的问题。财务管理的综合性，可能挂一漏万，本文权作抛砖引玉，以期有识之士共同探讨。

（本文发表在《交通财会》2011 年第 1 期）

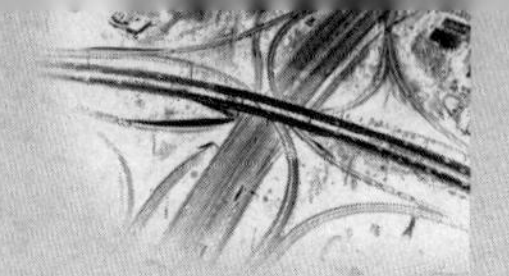





# 会计工作的特点及内在要求浅识

[摘　要]　本文通过对会计工作严格的政策性、强烈的时效性、服务对象的随机性与固定性、工作的层次性、严密的逻辑性、工作成果的实用性、工作深度的无穷尽性等基本特性,会计记录的复式性与规范性、会计账簿的相互牵制性及其连续性、会计报表的综合性与勾稽性、会计档案的长期性与会计人员责任的持久性等内在要求分析,为财务人员认识、掌握、运用会计基本规律,更好地服务于单位经济管理工作,不断提高自己的地位奠定一定的理论基础。

[关键词]　会计工作　基本特性　内在要求

## 一、问题的提出

笔者在参加财务检查、审计、重点项目稽查等活动时发现:一些单位会计科目凭想象、凭经验设置,一级科目随意增加,二级科目、三级科目用一级科目名称;会计凭证随心所欲填制,凭证后没有任何附件;会计账簿长期不核对,致使账目长期不符,甚至出现一些不合常理、令人啼笑皆非的账面数字;认为只要以后账目记录正确就行,以前的错误属过期的问题,会自动消失;还有人将发票夹在账簿上作为会计业务处理方法……

出现的错误五花八门,这里不一一列出。但归纳起来,许多会计人员会计基本知识不扎实,有的竟全然不知。笔者以会计工作的特性及内在要求为题,浅显说明会计人员必须知道些什么以及会计工作必须做到哪些。换句话说,会计工作最基本的特性是什么?会计基础工作内在的、基本的要求主要有哪些?

## 二、会计工作的基本特性

1. 严格的政策性及强烈的时效性

有人说,会计和医生一样,是越老越吃香,我认为不见得。医学属于自然科学,它的发展与国家政策、制度变化基本无关,医学的绝大部分知识是不会老化的,老医生积累的知识和经验非常宝贵、不会失效,所以会越老越吃香。会计学是一门社会科学，受国家政策、制度的影响极大。会计学的许多知识、方法等是随国家政策、制度的变化而变化的。不断出台的新会计准则就是对原有会计制度的调整和变革，变化极大，这是两者的本质区别。如果老会计不认真学习新制度、新知识，只凭原有的知识对付新形势下的会计工作，不说吃香不吃香，应付日常工作也很困难。当然老会计的优势与才干是绝不能抹煞的。这里说会计工作政策性强，是指所有会计人员，无论新老会计都必须时刻注意学习新政策、新制度，及时更新知识和方法，不可只凭经验甚至凭想象从事会计工作。

与政策性有密切联系的便是会计工作强烈的时效性，它包括长期、中期和短期时效三种。在市场经济条件下，对企业来说，会计工作的中期和短期时效有着更为重要的现实意义，如果会计信息失去其应有的时效，可能会给企业造成难以弥补的巨大损失。

知道了会计工作政策性及时效性的特性，我们才会在今后的会计工作中不断学习和吸收新知识、掌握新政策，紧跟时代潮流，努力满足各层次各部门对会计信息时效性的要求，为单位的发展贡献出应尽之力。

2. 服务对象的随机性与固定性

会计工作最主要任务就是服务于其特定主体的全体员工，这种服务对象的固定性显而易见；而服务对象的随机性指的是某时期要服务于哪些对象、服务什么项目、工作量有多大等往往在事前不得而知。这种随机性类似于医生看病、商店营业员售货，但医生、售货员的服务对象却不固定，且大多属本单位之外人员，而会计的服务对象主要为本单位员工。

了解到会计工作这一特性，对于我们合理安排服务时间以限制随机性造成的消极影响，更为有效、更有针对地开展会计工作大有裨益，单位领导、财务主管更有必要懂得并正确运用这一特性。有些单位规定报账时间，目的就是为了减少随机性给会计工作带来的影响。

3. 会计工作的层次性及其严密的逻辑性

这里所说的层次性是指会计工作从原始凭证审核、记账编制凭证、记账、对账、调账、结账、编制会计报表到会计报表分析是分层次进行的，且是一层接一层，不能跳跃，也不能并进。逻辑性则是指会计工作如同数学计算和论证一样，应该一步接一步有着较强的逻辑关系。必须从上步可推到下步，反之亦然。

懂得了会计工作的层次性及其逻辑性，有助于我们正确认识和严肃对待会计，消除对会计工作的简单、片面认识，端正会计工作态度。

4. 会计工作成果的实用性及会计工作深度的无穷尽性

会计工作成果集中表现在会计报表上。会计报表所提供的各种资料是社会经济细胞的重要内容，是国家宏观经济管理、决策的基础和支撑资料，也是地区、行业中观经济管理、决策的基础资料。对本单位内部管理来说，也是非常综合、非常重要的基础资料。比如，就某期会计报表而言，通过对其内部各项目比例关系的分析，可知这些比例是否恰当，哪些是过高或过低，是什么原因引起的，它能说明单位管理中存在什么问题，有什么长处等。如果认为会计工作的成果无用，只能说明自己水平不高，就像以前人们认为戈壁滩大沙漠有百害而无一利一样，是技术水平所限，大沙漠不也喷出了石油?!

至于说会计工作深度的无穷尽性，这是由社会科学、经济学、管理学深度的无穷尽性决定的，管理实践、经济社会发展变革为会计工作工作深度的无穷尽性提供了资源和舞台。懂得了这一特性，对于我们坚定从事会计工作、搞好会计工作、不断深入研究和发展会计工作的信心，增强主人翁意识，努力在会计工作中干出一番大事业则至为重要。

## 三、会计工作的内在要求

1. 会计记录的复式性与规范性

会计记录的复式性是指会计核算与记录运用的是复式记账原理，即对发生的每一笔经济业务必须在两个或两个以上有联系的账户上予以记录，这是会计业务处理的最基本要求，但目前仍有一些会计人员不懂得这个要求。

会计记录的规范性包括两个方面：首先，会计记录有一定的规范标准，原始凭证该附什么附件，所附附件是否齐全，经办人、审核人、审批人签字是否齐全，原始凭证是否合规，这是凭证审核的规范要求；其次，什么业务借什么贷什么，用什么科目，这是会计制度规定的内容，也是凭证录入的规范要求，填制会计凭证、编制会计记录必须按照规范要求来处理，不得凭主观想象、凭局部经验，各行其是。

这个要求是会计工作最基本的要求，是达到其他要求的前提和先决条件。如果不懂得、不按统一要求办，会计账簿记录、编制的会计报

表就会出错,会计工作就会因先天不足而畸形发展。

2. 会计账簿的相互牵制性及其连续性

如前所述,会计记录要求采用复式记账原理,按照一定的规范进行,这种复式性与规范性要求体现在会计账簿上,就要求其记录结果具有相互牵制性,也就是有明确的相互对应关系。各明细账簿的数字之和必须与该账户的总账余额数字相符,部分账户的余额数必须保持相关关系,要有勾稽性,这是会计最基本的数学特征,也是对会计账簿的基本要求。会计账簿的另一基本要求是数据的连续性,即本年各账目数据是在以前年度各该账目数据基础上加减本年发生额而形成的,属于连续滚存余额。

懂得了会计账簿的相互牵制性及其数据的连续性要求,我们在进行会计账务处理时,就必须充分认识和全面了解每一笔经济事项的内在含义,找出与其对应的、有密切联系的两个或两个以上账户予以反映,不得贸然将与此事项无关、没有必然联系的账户任意套用;对于账户记录的内容要经常核对和检查,发现问题及时解决。连续性则要求每一笔业务的数据必须真实、正确。如果有一笔数据错误又没有更正,就会出现累计多年、若干账户数据都不正确的现象。

3. 会计报表的综合性与勾稽性

会计报表是综合反映企业财务状况、经营成果及理财过程和结果的会计工作工具,它分别按日、月、年从财务活动角度总结企事业单位经营管理活动的过程和结果,能比较全面地反映出企事业单位人、财、物等各个方面,供、产、销等各个环节的工作质量和效果,其综合性不言而喻。会计报表的勾稽性是指各种报表之间必须有一种必然的联系,通过某期报表或其中的某一个数据可勾连到另期报表及其有关项目的数据,以利各表数据的稽核,这也是会计工作严密逻辑性的重要表现之一。

通过对会计报表综合性与勾稽性要求的认识,可以增强经办人员编制会计报表的质量意识,也有助于会计报表的分析运用,使财务人员真正成为领导的参谋和助手。

4. 会计档案的长期性与会计人员责任的持久性

所谓会计档案的长期性是指各单位的会计档案按不同类别要求分别按永久、定期保存。会计人员责任的持久性则是随会计档案的长期性而产生的。会计档案永久或定期保存,财务人员的责任将永久或定

期存在。只要会计档案没有销毁,档案中涉及有关当事人的经济责任及至法律责任就不会终止,会计人员当然是无法替代的当事人。也就是说,会计人员工作一旦有错误或有不良行为又未能及时纠正,就要持续未尽责任。

只要清楚地认识到上述诸点,我们在从事会计工作时,就会严格地按制度、按规范办事,有问题必须及时查明,及时处理。

(本文发表在《陕西交通会计》1994 年第 2 期,被《甘青交通财会》1994 年第 4 期转载,并配发了编者按)

# 提高企业会计信息质量对策措施实证探讨

[摘　要]　本文通过对陕西省交通建设集团公司实施提高会计信息质量的有关对策措施介绍分析,研究探讨提高企业会计信息质量的方法措施。

[关键词]企业　会计信息质量　对策措施

## 引　言

高质量会计信息是国家宏观经济决策的基础资料,是社会经济组织评判对企业是否投资、是否融资的基本资料,是企业对外投标、承揽工程的必备资料,是企业科学决策的最重要资料,是国家、社会、企业经济运行活动的主要依据。企业的经济运行活动主要通过资金运动来实现,资金运动通过财务管理和会计核算来体现、通过企业会计信息来记录和反映。会计信息能揭示企业的财务状况和经营成果,是反映企业经济运行活动的重要手段,是评判企业经营管理活动、评判企业融资能力、偿债能力、获利能力、发展能力的基本资料。会计信息质量代表着企业管理水平,会计信息承载着企业执行国家财经法规、制度,完成国家、地区任务,对社会的贡献情况。会计信息质量对企业、对社会、对国家非常重要,提高企业会计信息质量十分必要。

要保证企业会计信息真实、可靠,除了要求企业会计人员通过提高自身专业素质和分析问题解决问题的能力、严格执行国家有关会计法规和规章制度以外,加强对会计信息质量的监督检查也是非常重要的环节。陕西省交通建设集团公司多年来在这方面取得的成功经验充分表明:领导重视、提高财会人员专业技术水平、建立与逐步健全企业内部财会制度以及所需的内控制度、加强对会计信息质量的日常控制和定期监督检查等对保证会计信息质量发挥着重要的作用。在认真总结这些成功经验的基础上,有必要进一步研究探讨强化企业会计信息质量管理的有效途径和措施,努力构建适应社会主义市场经济发展的企业会计信息质量检查的长效机制。

陕西省交通建设集团公司(以下简称“陕西交通集团”)是2006年

4 月经陕西省人民政府批准，由陕西交通投资公司等四个单位整体并入、后陆续将陕西省公路局等四个单位管理的部分高速公路业务移交并入、由陕西省交通运输厅实际管理的国有大型企业集团，主要承担省内高速公路的建设、运营管理及公路相关产业开发。截至 2009 年 10 月 31 日，集团实有资产 950 多亿元，总资产位列陕西省第二；拥有职工 8 000多人；管理 13 个运营分公司、1 个收费管理处、6 个建设管理处、14 个经营公司。集团公司为一级法人，下属运营分公司、收费管理处、建设管理处没有法人资格。集团成立三年多来，各项业务迅猛发展，总资产从 2006 年 12 月的 383.5 亿元增长到 2009 年 10 月 955.2 亿元，人员从成立之初的1 699人发展到8 000多人，会计核算单位从 2006 年 32 个增加到 2009 年 10 月 87 个，业务遍布关中、陕北、陕南各地区。集团成立时间较短，组成单位复杂，单位和人员增长极快，人员相对年轻，经验不足。单位地域分布广泛，业务涉及公路建设、运营、经营各领域。单位执行的会计制度有七八种，会计信息质量控制涉及面广、任务重、难度大。提高陕西交通集团会计信息质量，建立长期、稳定、健全、有效的会计信息质量监督检查机制，是我们长期搞好会计信息质量工作的机制保障、制度保障和管理保障，是提高财务管理和会计核算水平的基本方法和有效措施，也是企业管理上水平、上台阶的基础和前提。

在会计信息质量管理方面，我们按照“有制度必须执行，违反制度必须惩处”的思想和“管事必须先管住人”的思路，采取“任务分解，责任到人，掌握全局，把住方向，全面动员，突出重点”的做法，形成了会计信息质量检查全天候、全人员、全单位、全业务的监督检查氛围。我们主要采取了制度建设“健全有效”、人员管理“培训考试”、目标管理“分解到人”、会计基础“标准规范”、会计报表“自动汇总”、内部报表“服务管理”、会计监督“五位一体”、会计检查“通报整改”八项对策措施，建立了会计信息质量监督检查长效机制。

## 一、各级领导重视支持是搞好会计信息质量工作的关键

一项工作开展情况关键看对该项工作的重视程度，特别是单位主要领导重视与否。会计工作第一责任人是各单位主要领导，领导不重视，单位会计工作就难以搞好，出问题的往往是不重视的。

陕西交通集团各级领导非常重视和支持财务会计工作。集团董事

长一贯重视支持财务会计工作,他指出:陕西交通集团资产量大、资金量大、社会影响大,社会关注度高,搞好财务会计工作事关交通集团的生存和发展大计。财务会计工作绝不是财务部门一个部门的事情,是各个单位、是交通集团的事情。各单位负责人是财会工作的第一责任人,主要领导要监督分管领导、各部门执行好财务制度。衡量财会工作监督检查的成绩,不能只看检查审计了多少次,发现了多少问题,要重在结果,要看财务运行机制是否良好,上级单位方方面面的审计、检查过了关才是财会工作的成绩。集团总经理指出:如果一个单位的领导不重视财务工作,就是极不称职的领导。财会管理工作是一种痕迹管理行为,一旦行为发生,是无法更改的。这就要求我们管理要严密,业务要熟悉,决策无差错,接受社会监督。检查单位工作的好坏,财务工作首当其冲。有了集团公司主要领导的鼎力支持,在集团公司总会计师的带领下,陕西交通集团会计信息质量管理工作开展得扎扎实实,有声有色。





**二、建立健全落实制度是会计信息质量管理的基础和根本**

制度建设是基础,制度落实是关键。工作中必须严格以制度管人,以制度管事,对不按要求报送资料、不按制度办事的单位,退回重做,缓拨、减拨经费、资金,通报批评,目标考评不合格等均是我们制度规定的,也是我们经常采用的处罚和约束手段。

(一)针对各项业务的管理需要制订相关内部财会核算制度,逐步建立、健全与完善集团内部财会核算管理制度体系

陕西交通集团成立伊始,我们结合单位特点制订并印发了《财务管理基本制度》、《基本建设财务管理办法》、《收费公路财务管理办法》、《总部经费管理规定》、《其他业务收支、营业外收支核算管理暂行规定》等内部管理制度、办法,从源头上消除了集团成立前各单位制度不统一、政出多门的现象,有效规范了各单位财务管理和会计核算行为,为搞好会计信息质量工作提供了政策依据和操作准绳。

(二)制订了陕西交通集团《财务会计工作监督检查暂行办法》等监督检查类制度,为会计信息质量监督检查和处罚提供了制度依据,逐步建立、健全和完善了集团内部财会监督制度体系

为加强财会工作监督检查,陕西交通集团制订了《财务会计工作监督检查暂行办法》,将监督检查机构、人员、职责,监督检查方式,监督检

查内容，监督检查结果处理分别予以明确和规范，在检查内容方面分财务管理、会计核算、财务指标三大部分。其中：财务管理按十一个大项四十一个小项，逐项打分；会计核算按四个大项二十个小项，逐项打分；然后设置五个财务指标逐项打分，最后对各单位的管理情况进行排名，达到了鼓励先进，鞭策落后的目的。

（三）针对不同业务不同单位管理核算要求印发规范性文件

针对陕西交通集团建设、运营、经营的业务特点分别印发了建设、运营、经营三大类单位会计报表分析说明要求、财务会计监督检查报告要求、服务区核算管理要求、路政业务核算管理要求等规范性文件，有效地解决了各类特殊业务的核算与管理问题。

## 三、抓好会计人员管理是提高会计信息质量的核心

会计人员是会计信息工作的主体，会计人员业务水平和职业道德水平的高低决定着会计信息质量的优劣，抓好会计人员管理就是抓住了会计信息质量的核心。陕西交通集团财务基本制度规定：所属单位财务负责人的任免必须征求集团财务部意见，为集团财务部管理基层单位财务科长赋予了尚方宝剑。培训考试是提高人员业务素质，建立优胜劣汰机制最基本的方法。月度目标分解下达，按月考核，按月兑现奖惩是陕西交通集团管理工作的一大亮点，受到了陕西省委第六巡视组的赞扬，我们将培训考试、定期岗位轮换和目标分解作为会计人员管理的有效方法，将激励与约束相结合，取得了非常好的效果。

（一）建立定期培训和考试制度

陕西交通集团成立时间较短，会计人员普遍存在年轻、经验不足等问题。为了尽快提高集团财会人员的业务素质和职业道德素养，我们印发了《关于建立运营单位财务人员业务培训和考试制度的通知》，加大对会计人员的培训和考试力度。培训考试分两个层次，第一个层次由各运营分公司组织，每月培训一次，每个季度考试一次。第二个层次由陕西交通集团组织，每年培训八次，每半年考试一次，每年考试面达到100%。考试内容即为培训内容。以考试检查培训效果，以培训促进业务学习，进而提高财会队伍的整体知识素质与业务实践素质。更为有效的措施就是对考试结果在一定范围内公布：凡考试成绩有三次不合格者，给予岗位调整警告，第四次考试成绩仍不合格者，调离财会岗位。建立了合格者留用，不合格者调离的优胜劣汰机制。通过这一制

度的印发实施，激发了财会人员学习财务法规制度、学习会计知识技能的积极性、主动性，促进工作质量和工作效率的提高，以优胜劣汰机制确保财会人员业务素质和职业道德素养，保证会计工作和会计信息质量。

（二）建立岗位轮换机制

分工明确、职责清晰是做好会计信息质量检查，切实提高会计信息质量的前提。我们按照"岗薪对应、分工明确、职责清晰、定期轮岗"的原则，对总部财务部全体会计人员在重新进行岗位分工，明确各岗位职责的基础上进行了岗位轮换，使人人成为多面手，相互熟悉彼此业务、便于理解、沟通、合作，激发总部财会人员的能动性与活力。

针对我们集团已经开始实施的片区单位、部门负责人人员岗位互换交流的措施，财务部也着手开展有步骤的对所属单位财务负责人岗位互换交流，以达到所属单位整体财务管理水平提高的目的。

（三）实施目标分解到各会计岗位、各所属单位措施

按照陕西交通集团与财务部签订的2009年目标责任书，财务部对目标责任书的全部内容按照"横向到边、纵向到底，人人有事干、事事有人干"的原则，有关总部财务部的目标任务分解到每一个会计岗位，有关所属单位的目标任务分解到各建设单位、运营单位和经营单位，使会计信息质量责任明确、基础扎实，极大地促进了财务目标任务的完成，也细化、丰富了会计信息质量监督检查的内容。

## 四、进行会计信息质量日常控制是提高会计信息质量的有效方法

（一）建立会计基础标准规范体系

1. 建立了会计档案标准体系

陕西交通集团由八大单位组成，组建前各单位会计基础工作标准不一、规范不同、水平各异。仅会计档案管理来说，会计凭证、会计账簿、会计报表大小、颜色、规格、样式等均不同，我们在调研的基础上制订了统一的会计档案标准，要求所属各单位必须采用集团统一标准、统一印制的会计凭证封面、会计凭证盒等集团规定规格、样式的会计档案标准，达到会计档案统一、规范。

2. 建立了新成立单位会计基础标准规范

对新成立单位专门制订会计基础标准规范，从单位起步就规范其会计信息质量工作。

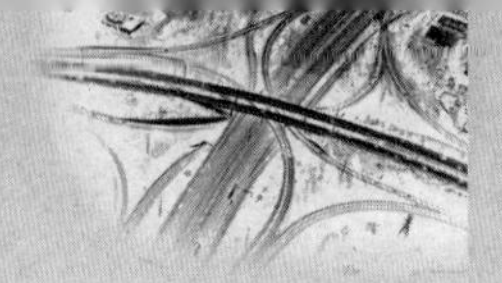





针对新组建的西商、商界等五个分公司，印发了《关于财务管理与会计核算有关问题的通知》，对各新成立单位的收费、养护、路政、治超、服务区等有关问题，对会计核算制度、资金上解、资金拨付等进行了明确规范，使各新建运营分公司从成立之日就建立良好的财务管理与会计核算秩序。

3. 针对业务新政策专门制订会计基础标准规范

针对高速公路服务区经营思路转变为"公益为主，兼顾效益"，印发了"高速公路服务区财务管理与会计有关问题的通知"，规范了所属各单位服务区财务管理与会计核算工作。

针对高速公路路政业务实行"收支两条线"新政策，下发了《关于路政收支业务财务管理与会计核算有关问题的通知》，明确了收支管理原则、收入上解与拨付渠道、方式、会计核算各业务流程的处理方法。

4. 建立所属各类单位会计报表分析说明标准规范

针对各单位会计报表说明及分析标准不一、口径不同，分析说明不规范、重点不突出，分析说明无逻辑顺序等问题，分别制订了运营单位、建设单位、经营单位会计报表编报说明应包括的主要内容，要求有问题、有分析、有措施、有体会，特点鲜明，重点突出，提高了会计报表分析水平和实用性。

5. 建立会计信息质量检查报告标准规范

针对集团公司安排的自查、互查、抽查活动出具的检查报告形式、内容、要求不统一的问题，集团公司专门制订了财务检查报告编制要求，对建设单位、运营单位和经营单位分别按九方面、八方面对每一个被检查单位进行全面了解和深入分析，促进了检查工作更细致、更全面，使检查结果对实际工作的指导性更强，推动检查工作质量进一步提升。

（二）提高会计信息生成汇总上报的科技含量和自动化水平

1. 提高对外会计报表编报的自动化水平，达到质量与时效性双提高

针对集团所属单位涉及建设、运营、经营三大领域，执行的会计制度达七八种，各单位会计电算化管理水平差异较大，报表生成、汇总、上报，不统一、不及时、不规范的实际，我们通过反复调研论证，聘请计算机软件专家、会计专家对汇总会计报表汇总单位、汇总层级、会计制度、会计科目等编制了会计报表汇总方案，规定集团合并、汇总报表按三大

部分、四个层次汇总。在不改变各会计核算单位会计制度、会计科目的前提下,通过专用报表软件生成各单位统一的会计报表,对生成的会计报表进行自动审核、自动汇总、加密上报,实现会计报表快速、准确、安全、完整的要求。

2. 建立完善的内部管理报表体系,及时准确提供各重要业务和关键指标信息,有效服务日常管理

针对所属各单位不同的业务特点,为了切实管好所属各单位的各项重要业务,及时掌握各项重点业务指标的完成情况,我们分别要求建设项目须编报建设项目概算执行情况表、资金来源及资金到位情况表、建设单位管理费情况表等内部管理报表;运营单位须编报通行费收入情况表、日常养护费支出情况表、征收业务费支出情况表等十余种内部管理报表;经营单位须编报收入情况表、成本、费用、税金情况表、利润及利润分配情况表等内部管理报表。内部管理与财务月报一样,自动生成、自动审核、自动汇总、加密上报。通过财务月报和内部管理报表的自动编制、自动生成、自动审核、自动汇总,极大地提高了会计信息质量和时效性,增强了会计信息的实用性、财务管理的针对性和可操作性,为会计信息质量不断提高奠定了坚实基础。





## 五、加强监督检查及时整改落实是提高会计信息质量的有力保障

为了不断提高会计信息质量,巩固检查成果,切实解决检查发现的各种问题,我们制订了会计信息质量检查“五位一体”措施,即单位自查、单位内部互查、单位之间互查、集团抽查、定期质量评比等五项检查措施。

(一)通过互查,建立了互学、互帮、互监、互惠的机制和氛围

我们每年上半年、下半年各安排一次单位自查、单位内部互查、单位之间互查活动,每次检查的内容和侧重点均不同。通过实施单位内部互查、单位之间互查措施,有效解决了集团所属会计核算单位数量多、分布广泛,集团总部财务人员少,监督检查不全面、不及时、不到位问题,实现了互查可以达到互学、互帮、互监、互惠的目的,充分发挥集团公司大兵团优势,达到了人才充分利用、民主监督,有利于调动全体财务人员积极性,有利于提高全体人员业务水平。

(二)有重点、有针对地安排集团抽查,发挥总部检查的权威性和示范作用

为了提高总部财务检查的权威性和示范作用,集团财务部每年安

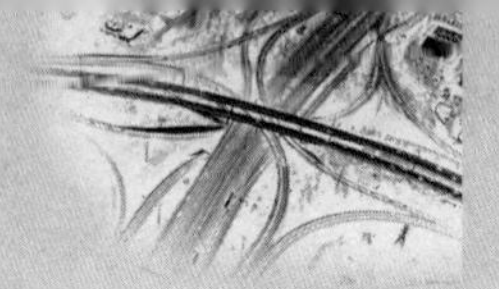

排对不少于50%的重点建设项目和运营分公司、经营公司进行抽查，每次检查至少从八个方面对被检查单位写出检查报告，对存在问题的单位要求被检查单位在一个月之内写出整改报告和整改措施，并对每份检查报告在集团内部财务网上公布，以儆效尤。

通过集团抽查、下发检查报告，为内部互查、单位互查树立了典范，督促内部互查、单位互查工作更规范、更有效，达到了对其工作成效的再次检验。

（三）通过年度会计信息质量评比，增强各单位搞好会计工作的荣誉感

通过每年一次的会计信息质量评比、打分、排名，极大地调动了所属各单位搞好会计工作，切实提高会计信息质量的主动性和自觉性，增强了搞好会计工作的荣誉感，建立了日常控制会计信息质量的网络，构筑了会计管理工作的良好机制。“五位一体”财务会计监督措施受到了陕西省交通运输厅、省委第六巡视组的表扬和肯定。




通过以上措施的实施与陕西交通集团成立几年来会计信息监督检查方面的摸索前行，我们深切地感受到：会计信息质量的提高是无穷尽的，我们目前所做的一些探索和实践仅是针对陕西交通集团当前实际而出台的部分措施，随着企业的不断发展，集团业务的不断拓宽，会计信息质量提高任重而道远。我们将不断探索更好、更有利于企业发展的新措施、新方法。

（本文2010年5月在陕西省财政监督检查局组织的“纪念会计信息质量检查十周年征文”活动中，荣获二等奖）

# 会计核算基本前提和一般原则的现实意义

[摘　要]　本文通过对会计主体、持续经营、会计分期、货币计量四个会计核算的基本前提,客观性、可比性、一贯性、相关性、及时性、明晰性等衡量会计信息质量的一般原则,权责发生制、配比、历史成本、划分收益性支出与资本性支出等确认和计量的一般原则,谨慎性、重要性、实质重于形式起修正作用的一般原则等这些抽象会计概念在实际中应用的分析论述,让财会人员更好地理解和把握会计基础知识,更好地服务单位经济管理。

[关键词]　基本前提　一般原则　现实意义





## 一、引言

学习过会计理论的人都知道,会计的入门课程必有会计核算基本前提、会计核算一般原则的内容。这些看似枯燥、抽象的理论和概念总让人琢磨不透,讲这些东西干什么?会计理论工作者大多因缺少实际工作经验,讲起来太原则,不能和实际对应,很难让人理解。会计实务工作者虽然在实际中已经自觉或不自觉地遵循、运用了会计核算的基本前提、会计核算的一般原则,因其只注重实际业务,大多数人没有把实际业务处理方法上升到理论高度去认识。笔者在此试图以实务工作者的身份对会计核算基本前提和一般原则的现实意义予以分析说明。

## 二、会计核算基本前提的现实意义

### 1. 会计主体的现实意义

会计主体是指会计信息所反映的特定单位或者组织,它规范了会计工作的空间范围。

通俗点说,布什是美国总统,他只管美国的事,刘淇是北京市市长,他只管北京的事,柳传志是联想总裁,他只管联想的事。张三是会计,必须说明他是哪个单位的会计,别的单位的会计事项张三不管,厂长家里的现金收付也不归张三管。所有会计报表表头部分最先要填的就是

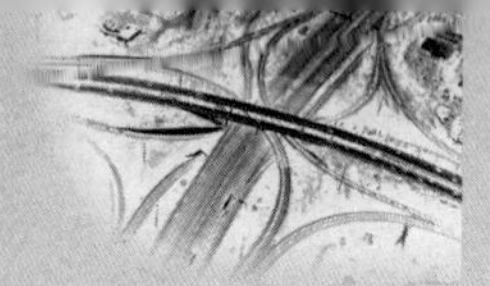



编制单位——会计主体的限定。

2. 持续经营的现实意义

持续经营是指在可预见的将来，企业将会按当前的规模和状态继续经营下去，不会停止，也不会大规模削减业务。这是对会计主体存在时间上所作的规定。

任何企业都存在破产、清算的风险，企业不能持续经营的可能性总是存在的。如果没有持续经营的前提，企业计提折旧，摊销无形资产，甚至包括会计期间、权责发生制等将无任何依据。

3. 会计分期的现实意义

会计分期是指将一个企业持续经营的生产和经营活动划分为一个个连续的、长短相同的期间。它是对持续经营的补充假设，也是对会计主体存在在时间上的进一步限定。

对于一个持续经营的企业来讲，只能等到企业在若干年后歇业时核算一次盈亏。但是，企业的生产经营活动和投资决策要求及时的信息，歇业时算盈亏为时已晚。因此，就需要将持续经营的企业在会计上进行分期核算和反映。权责发生制、收付实现制，应收、应付、递延、预提、待摊等会计处理方法就是这一前提的现实体现。会计报表中的编制日期就是这一前提的标志。

4. 货币计量的现实意义

货币计量是指会计主体在会计核算过程中采用货币作为计量单位，计量、记录和报告会计主体的生产经营活动。它是关于会计计量手段的假设。

大家知道，会计作为以数量为核心的工作，其数字必须有相应的计量单位。计量单位有很多个，如米、千克、辆、台、件、只、个、套等，这些计量单位的最大缺点是无法加总，即无法用以上计量单位去反映一个会计主体的资源总量。而货币这一计量单位因其是商品的一般等价物，是衡量一般商品价值的共同尺度，它具有价值尺度、流通手段、储藏手段和支付手段等特点，它与商品经济、市场经济的关系更为密切。基于以上几点，会计计量手段就天然地落在了货币的身上。

由于货币单位也有许多，如人民币、美元、日元、欧元等币种，选择一个大家都采用的货币就非常必要，这就是记账本位币的现实意义。

会计报表右上角单位“元”就是货币计量前提的现实应用。

### 三、会计核算一般原则的现实意义

会计核算一般原则分为三类:衡量会计信息质量的一般原则、确认和计量的一般原则,起修正作用的一般原则。第一类从定性的角度规范了会计信息,第二类从定量的角度规范了会计信息,第三类则是对第一类和第二类在特殊条件下应选择的标准的规定,是对第一类和第二类原则的修正和补充。制订这些原则的目的和宗旨就是为了保证会计信息满足使用者的要求,有助于决策。

(一)衡量会计信息质量一般原则的现实意义

1. 客观性原则

这是所有会计原则中最重要、最根本的原则。虚假的会计信息会误导消费者,导致决策失误。我国大多数企业决策根本不使用会计信息,这也是我国会计人员地位不高、待遇不好的重要原因。为什么会这样呢?我国国有经济占主导成分,各级政府首长的政绩意识,如要求地方经济增长多少、工农业总产值、国内生产总值达到多少等;职能管理部门缺乏统一的信息系统,各自需要的会计信息由企业分别编制,职能管理部门对同一企业的会计信息无法鉴别和比较,企业便可以在不违背自身利益的前提下游刃有余地提供信息;枪打出头鸟的做法使真正的好企业被参观、学习、摊派、集资、赞助甚至是安排职工、分派领导所累垮,企业提供真实的会计信息无异于自投罗网;企业领导的经济责任不明确,决策失误损失的是国家,是职工,对企业领导没有多大影响;几千年的人情网络笼罩着法律和制度网,使监督、检查流于形式;基于以上所述,客观性原则在我国的真正全面应用任重道远。

2. 可比性原则

它要求会计指标应口径一致,相互可比。会计信息有用与否往往是需要比较、分析后看其是否有助于决策,而不是拿到会计信息后直接使用。比较的前提是可比,可比的前提是统一。这一原则主要是进行不同企业间的横向比较。

3. 一贯性原则

它与可比性原则类似,要求同一企业不同时期的会计信息可以纵向比较。

4. 相关性原则

信息的价值在于其与决策相关,有助于决策。如果会计信息没有

满足使用者的需要,对使用者的决策没有什么作用,就不具有相关性。

5. 及时性原则

它是基于会计信息的时效性而提出的。

由于决策具有时效性,决策所需的会计信息必须满足其时效性要求。

6. 明晰性原则

它是基于方便使用而提出的。如果提供的会计信息不清晰、不明了,使用者看不懂,理解不了,就无法使用。

(二)确认和计量的一般原则

1. 权责发生制原则

这是关于收入、费用确认的原则,它的前提是会计分期。由于会计分期就产生了当期与其他期间的差别,而收入、费用有多种形式和多种性质实现和发生。对不同形式和性质的收入、费用应该有一个确认和计量标准以便实际操作,这一标准就是权责发生制。与权责发生制对应的是收付实现制,我国规定企业核算采取权责发生制原则。行政事业单位可以采用收付实现制原则。

2. 配比原则

它是为了准确计算当期损益(利润)而提出的。由于收入、成本、费用在因果关系和时间上有多种情况,需要一个确认和计量标准以便实际操作,这个标准就是配比性原则。

3. 历史成本原则

它是关于资产计量所使用的原则。由于经济业务的多样性和经济过程的复杂性,同一资产在不同经济业务下、不同过程中其价值会有所不同,有历史成本,有市场成本,有重置成本,这就需要寻找一个确认计量资产价值的标准以便实际操作,这一标准就是历史成本原则。

4. 划分收益性支出与资本性支出原则

它的意义在于方便资产计价与损益的确认。前三个原则是关于表内数据确认的原则。该原则则是表间(资产负债表、损益表)数据确认的原则。这一原则更为直接地为决策者正确理解企业的财务状况和经营成果做出了保证。

(三)起修正作用的一般原则

1. 谨慎性原则

它是基于风险和不确定因素的存在而提出的。它要求企业在面临不确定因素的情况下，应当保持必要的谨慎，充分考虑到各种未来贡献和损失，既不高估资产或收益，也不低估负债和费用。它是对历史成本原则的修正。在实际中计提资产减值准备、加速折旧法、预计负债、通货膨胀时使用后进先出法等均是这一原则的实际应用。

2. 重要性原则

它是基于会计信息的成本与效益权衡分析提出的。要求在会计核算过程中，对交易或事项应当区别其重要程度，采用不同的核算方式。这一原则是对其他所有会计核算原则的修正。

3. 实质重于形式原则

要求企业按照交易或事项的经济实质进行会计核算，而不仅仅按照他们的法律形式作为会计核算的依据。

由于实际工作中，交易或事项的外在法律形式或人为形式并不总能完全反映其实质内容。所以会计信息就必须根据交易或事项的实质和经济现实进行核算和反映。这一原则在实践中有广泛应用，如融资租入固定资产、售后回租、权益法使用范围的判定、关联方交易、收入的确认等。

现行对资产的定义——资产是指过去的交易、事项形成并由企业拥有或者控制的资源。该资源预期会给企业带来经济利益（见《企业会计制度》）就体现了实质重于形式原则。

**四、结论**

通过以上分析我们可以看出，会计核算的基本理论与会计实践密不可分，没有会计核算基本理论和会计核算的一般原则，会计实际工作无法开展。反过来，会计实际工作对会计理论的不断修改、补充、完善有很大的推动作用。

（本文发表在《陕西交通会计》2002 年第 3 期）

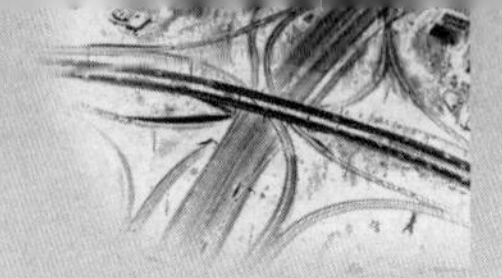





# 会计的时敏性浅说

[摘　要]　会计的时敏性是会计对时间的反应。本文从会计核算的基本前提、一般原则、会计要素的定义、会计凭证、会计账簿、会计报表、特殊业务的会计处理要求、会计分析等多角度、多方面论述了会计时敏性的表现、特征和作用。

[关键词]　会计　时敏性

## 一、引言

会计的时敏性是会计对时间的反应,这是借助于物理学的"热敏元件"、"声敏元件"、"声控开关"等概念提出的。会计学属于社会科学的范畴,它对时间有非常敏感的反应。会计数据随着年、月、日的变化而变化。实质上,会计数据也随着时、分、秒的变化而变化,只是由于时、分、秒这种瞬间即逝的变化太大、太多,会计没有精力、没有必要对此加以关注。由于变化太快,会计难以确认、计量,难以记录、报告,为了简化起见,会计按年、月、日为确认、计量、记录、报告的基本时间单位。

## 二、会计核算的基本前提是会计时敏性的基石

会计核算的基本前提是会计主体、持续经营、会计分期、货币计量。会计主体规定了会计工作的空间范围,持续经营规定了会计工作远期的时间范围,会计分期规定的是会计工作近期的时间范围。货币计量规定了会计的度量衡单位。

因此,持续经营是会计时敏性的"宪法"(清算会计除外),会计分期是会计时敏性的"专业法"。这两个基本前提共同构筑出会计时敏性之基石。

## 三、会计核算的一般原则是会计时敏性的程序性规定

一贯性原则、及时性原则、权责发生制原则、历史成本原则分别从不同角度对会计的时敏性作了程序性规定。

一贯性原则从不同会计期间(月)角度对同一会计要素、会计事项

时敏性予以规定；权责发生制原则从同一会计期间（月）角度对不同会计要素时敏性予以规定；及时性原则从会计事项发生的特定时点（日）角度对时敏性予以规定；历史成本原则则是从不同时点（日）角度对同一要素的时敏性作出规定。

## 四、会计要素是会计时敏性的载体

会计要素的定义显现了会计时敏性的轨迹。

资产，是指过去的交易或事项形成并由企业（现在）拥有或者控制的资源，该资源预期会给企业带来经济利益。

这里的过去、现在（笔者加注）、预期是非常醒目的时敏性标志，故笔者称会计要素就是“时敏元件”。

负债，是指过去的交易或事项形成的现时义务，履行该义务预期会导致经济利益流出企业。

所有者权益，是指所有者在企业资产中享有的经济利益，其金额为资产减去负债后的余额。

资产和负债的时敏性决定了所有者权益的时敏性。

收入，是指企业销售产品、提供劳务及让渡资产使用权等日常活动中形成的经济利益的总流入。

收入的三个特征渗透着时敏性元素。

收入是从企业日常经营活动中产生，不是从偶发的交易或事项中产生；收入可能表现为企业资产的增加；收入能引起企业所有者权益的增加。

费用，是指企业为销售产品、提供劳务等日常活动所发生的经济利益的流出。

费用的三个特征蕴藏着时敏性因子。

费用是企业日常活动中发生的经济利益的流出，而不是偶发的交易或事项中发生的经济利益的流出；费用可能表现为资产的减少；费用将引起所有者权益的减少。

利润，是企业在一定会计期间的经营成果。经营成果能引起所有者权益的增加或减少。

可见，收入、费用、利润的时敏性是由资产的时敏性决定的。

依上述分析可知，六大会计要素中，时敏性最强的是资产和负债，所有者权益、收入、费用、利润是资产和负债的折射和转化，通过折射与

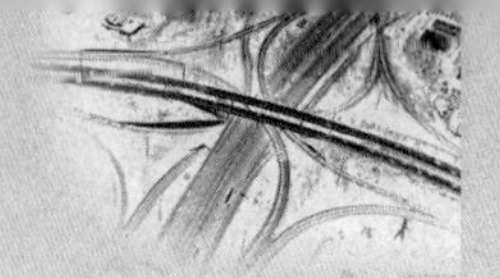

转化,变现出较强的时敏性,利润则是所有会计要素时敏性的熔炉和汇总。

## 五、会计证账表是会计时敏性的外在表现

会计凭证、会计账簿、会计报表是会计工作的基本方法和程序,通过会计证账表这种专用方法,使会计理论、会计制度、会计准则转化并融入会计实务。也就是说,会计证账表是连接会计理论、会计制度、会计准则与会计实务的桥梁和纽带。会计凭证的编制日期,会计账簿的登记与结转日期、会计报表的编制、报告日期充分展示了会计在确认、计量、记录、报告过程中的时敏性特征,也是会计时敏性的外在表现。

## 六、特殊业务的会计处理要求是会计时敏性的典型代表

所得税会计、外币业务、借款费用、或有事项、租赁、债务重组、会计政策会计估计变更和会计差错更正、资产负债表日后事项等特殊业务使会计的时敏性特征得以显化,它们也成为会计时敏性的典型代表。

所得税会计中的时间性差异;外币业务中的外币折算汇率;借款费用中的资本化开始、暂停、停止日;或有事项的定义——过去的交易或事项形成的一种状况,其结果须由未来不确定事件发生或不发生加以证实;租赁中的租赁开始日;债务重组中的债务重组日;会计政策、会计估计变更和会计差错变更中的追溯调整法和未来适用法;资产负债表日后事项中的年度资产负债表日至董事会批准财务会计报告可以对外公布日期等,这些特殊业务的会计核算无一不渗透出浓烈的时敏性气息,堪称会计时敏性之代表。

## 七、会计分析是会计时敏性的内在要求和现实应用

会计的作用就是对外让相关部门和人员了解企业,对内、对外让相关部门和人员对企业领导人进行客观、全面、公正的考评,对内让企业加强管理、提高效益。要发挥好会计的作用,会计分析是其重要手段和途径,而会计的时敏性在会计分析中显得尤为重要,它是会计分析的内在要求,由会计的作用所决定。

另一方面,会计分析对会计时敏性的关注更为密切,是对会计时敏性特征的现实应用。

(本文发表在《上海会计》2004 年第 1 期)

# 转换企业经营机制与财会人员观念更新

[摘　要]　当企业成为"自主经营、自负盈亏、自我发展、自我约束"的经济实体后,企业财会人员的观念也必须符合"四自"要求,主要应树立经营观念、市场观念、竞争观念、风险观念、信息观念、时间观念等六种观念,以适应企业经营机制转换要求,更好地为企业服务。

[关键词]　转换机制　财会人员　观念更新

在党的十四大提出我国经济体制改革目标是建立社会主义市场经济体制后,我国企业的经营体制也逐步朝着社会主义市场经济的方向转变,企业将成为"自主经营、自负盈亏、自我发展、自我约束"的社会主义商品生产者和经营者。在企业经营机制转变的同时,作为企业管理主要组成部分的企业财务管理工作和企业会计工作的重心也必须随之转移。也就是说,财会工作的内容、方法、制度、作风等都必须进行转变,而这些转变的前提和基础是财会人员的认识和思想观念。所以,转换企业经营机制,财会人员必须进行观念更新。

究竟财会人员需要变更为哪些新观念呢?这得看转变后的企业经营机制需要什么观念了。

当企业成为"自主经营、自负盈亏、自我发展、自我约束"的经济实体后,企业财会人员的观念也必须符合"四自"的要求,财会工作应以"四自"为目标进行展开。

"自主经营"。在国家赋予企业必要的经营自主权后,企业就可以根据市场的要求,自行组织生产和销售,积极参与市场竞争。而竞争是有风险的,如何减少风险?这取决于企业对市场的把握程度。对市场的把握程度又取决于企业取得的市场信息是否真实可靠、是否充分完整、是否及时。所有这一切,都与企业的"参课部"——财会部门作用发挥的程度息息相关。而自主经营下,面对激烈的市场竞争,财会部门要能很好地发挥出参与管理、参与决策的作用,为此,财务人员就必须充分认识和了解企业及其经营状况,企业面对的市场及其竞争状况,站在企业自主经营的立场上考虑财会工作如何有效地为之服务。在这种情

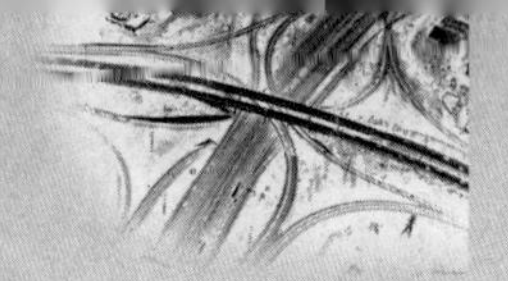



况下，财会人员如果不具备经营观念、市场观念、竞争观念、风险观念；信息观念和时间观念，那就无法去主动参与管理、参与决策、财会部门也无法履行其应尽的职责，其地位和形象难以提高不说，企业的整个市场竞争力也难以根本提高。

"自负盈亏"。在企业实行自主经营之后，随之而来的便是"自负盈亏"，即企业对其经营的结果——无论是盈还是亏都得负全部责任。这种一改由国家过去亏了由国家包的做法迫使企业只能盈、不能亏，要求企业必须精打细算，努力增产节约、增收节支，多上盈利大效益好的产品，少上盈利小效益低的产品，不上不盈利无效益的产品。而到底什么产品效益好，什么产品效益差，这需要财会部门的正确记录与真实核算，至于要上哪些产品，要下哪些产品还得靠财会部门综合分析与全面考察。可见，"自负盈亏"要求财会人员必须牢固树立节约观念和盈利观念。

"自我发展"。企业依靠自己现有的人力、物力、财力去不断充实、完善、发展和壮大自己，使企业人才辈出，物力和财力雄厚。换句话说，就是企业对社会的贡献要越来越大。对社会的贡献如何衡量？主要是看企业的综合效益和社会效益两方面，对企业来说，关键是经济效益。试想，一个企业如果没有效益或者效益低下，那如何发展？这种"泥菩萨过河自身难保"的企业还能对社会有贡献？不求社会对它"扶贫"和"救济"已不错了。当然，谁也不希望自己的企业是对社会的"包袱"，是"扶贫"的对象，那么，作为企业的职工特别是企业管理者，就应时刻将企业的效益当作行动的指南针，以经济效益为中心开展各项经济活动，使企业成为名副其实的"造血者"。而企业的财会人员呢，时刻牢记效益观念，撞好效益之钟便是责无旁贷的事了。

"自我约束"。企业在转换经营机制之后，仍要守法经营，建立健全企业内部的自我约束机制，保证企业以正当合法的行为开展自主经营、实现自负盈亏、谋求自我发展，这是企业坚持社会主义方向的根本要求。要实现"自我约束"，企业会计就必须充分有效地发挥监督职能，保证企业的经营活动正当合法，这就要求财会人员具有较强的法制观念。

由以上论述不难看出，在企业转换经营机制之后，客观上要求财会人员的观念必须更新。或者说，财会人员更新观念是企业经营机制转换后的必然要求的结果。

由于"四自"的关键和核心是"自我发展"，"自我约束"是其必要保证，"自主经营"、"自负盈亏"为"自我发展"的有效手段，它们之间不是并列的，而具有主从关系，故以上各种观念亦不能并提，仍具有层次关系。

我认为，首要的观念应该是效益观念，其次为法制观念；节约观念和盈利观念从属于效益观念，但因其侧重点和具体运用有所不同，所以不可简单归并。

在自主经营下，主要应树立的六种观念也不是并列的，大体可列为：第一层为经营观念和市场观念；第二层为竞争观念和风险观念；第三层为信息观念和时间观念。同理，这几种观念不可简单归并。

财会人员更新观念本是较难把握的，笔者试图从转换企业经营机制，实现"四自"的要求出发，探讨它们之间的联系，极不成熟，望各位专家同行不吝赐教。

（本文发表在《交通财会》1993年第6期）

# 论会计在建立现代企业制度中的地位与作用





[摘　要]　本文从市场经济、现代企业制度的大背景出发,探讨会计的地位与作用,特别对新财会制度中的建立资本金制度,资本保全,会计恒等式的变革、制造成本法的运用,稳健原则的拓展、会计报表体系的改革会计改革与构筑产权清晰、权责明确、政企分开、管理科学的现代企业制度的关系进行了论述,充分揭示会计在建立现代企业制度中的地位与作用。

[关键词]　会计　现代企业制度　地位　作用

举世瞩目的中国经济体制改革已走过了十六个春秋,创造了一条具有中国特色的卓有成效的改革之路。如今,它已将我们引上了社会主义市场经济、建立现代企业制度的征程。

同样,中国的会计事业也留下了一条漫长、艰辛而卓有成效的改革足迹。经济越发展,会计越重要,特别是在会计改革取得突破性进展,社会主义市场经济框架已构筑,现代企业制度在重塑的今天,会计的基础地位与作用愈显突出。

首先,会计从本质上就与市场经济有着天然的联系,现代企业制度是社会主义市场经济的基础,其基本特征须借助于会计来体现,其作用的发挥也须借助于会计职能的发挥来完成,这是由财会工作的综合经济管理职能与较强的渗透性所决定的。

市场经济讲求价值规律,其“价值”还是会计的研究对象;市场经济讲求保本求利,其“本”、“利”正是会计全部工作的目标和精髓所在。市场经济所赖以支撑的四大支柱无一不与会计息息相关:放开价格的幅度与时机只有通过会计的预测、分析才更为科学;保证质量可以从会计信息的及时反馈中找到一剂良药;依法经营是会计监督职能可及之处;可靠的信息导向恰是会计的本能。

产权清晰,权责明确,政企分开,管理科学是现代企业制度的基本特征。试想:没有财会部门参与的清产核资,怎能搞好产权界定,又怎

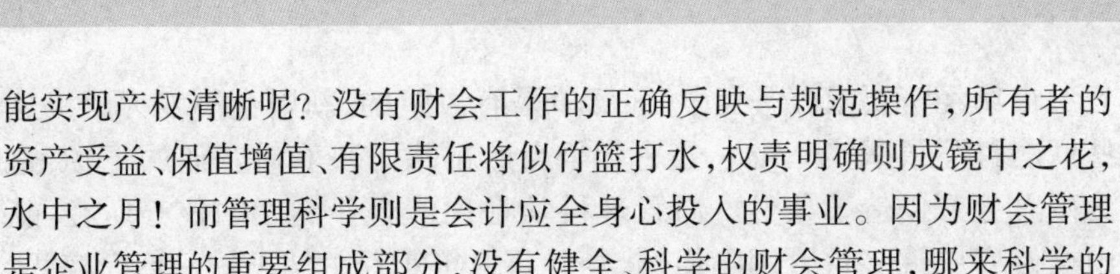

能实现产权清晰呢？没有财会工作的正确反映与规范操作，所有者的资产受益、保值增值、有限责任将似竹篮打水，权责明确则成镜中之花，水中之月！而管理科学则是会计应全身心投入的事业。因为财会管理是企业管理的重要组成部分，没有健全、科学的财会管理，哪来科学的企业管理？

其次，财务管理的目标是现代企业目标最直接的体现。

进入市场经济，建立现代企业制度之后。企业的目标仍是提高劳动生产率和经济效益，这与财务管理的目标成本、目标利润不谋而合。事实上，企业的总体目标就是通过企业的财务会计管理目标来体现的，毋庸置疑。

再次，新财会制度的模式是现代企业制度建立的前提和条件。

新财会制度中的建立资本金制度，资本保全，会计恒等式的变革、制造成本法的运用，稳健原则的拓展、会计报表体系的改革等一系列举措为构造产权清晰、权责明确、政企分开、管理科学的现代企业制度提供了前提和条件。

(1)资本金制度的建立、资本保全原则的施行、新会计恒等式的运用为企业法人的诞生、产权清晰的再现、权责明确的落实提供了温床和可能。

资本金的设立使企业具备承担民事责任的能力，当然还可享有民事权利，企业法人便实实在在地存在了，而资本保全为这一存在吃了定心丸，这也为政府插手企业，平调企业资产划出了禁区。

"资产 = 负债 + 所有者权益"的会计恒等式更为明确地划清了企业的产权界限，较好地解决了出资者、债权人、企业法人在产权问题上长期理不顺的矛盾。企业的全部资产统归企业法人经营，企业法人拥有法人财产权，对债权人须尽按期足额还本付息的义务，对出资者则负有保值增值的责任；企业的出资者则按投入企业的资本额享有所有者的权益，即资产受益、重大决策和选择管理者等权利。企业破产时，出资者只以投入企业的资本额对企业债务负有限责任。这就明确了企业法人与企业所有者的权责关系。

(2)制造成本法的运用、稳健原则的拓展，会计报表体系的改革等为企业在社会主义市场经济条件下的公平竞争，减少竞争给企业带来的风险，使企业进军世界经济大市场打下了良好的基础，也为现代企业制度的建立与实施创造了条件。

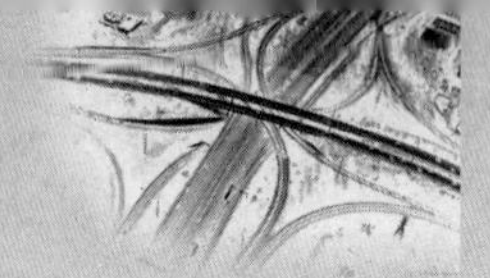

市场经济要求公平竞争，而竞争是有风险的，新财会制度为解决这些问题打下了坚实基础。公平竞争当然排除了政府对企业的干预，这为政企分开创造了条件。而管理科学是现代企业制度的核心所在，新财会制度中许多符合国际惯例，经过几百年实践总结出的一系列模式、原则和方法使现代企业管理如鱼得水，这些都是建立和实施现代企业制度难得的条件。

第四，现代会计的职能为实行市场经济、建立现代企业制度提供了重要保证。

传统财务会计的职能是反映和监督，这是会计参与决策、参与管理的前提和基础。现代管理会计被公认具有规划、决策、控制、考核四大职能。对于进入市场经济、建立现代企业制度后的企业来说，决策与控制是其制胜的法宝，而现代企业就是这一法宝的操纵者。所以说，实行市场经济，建立现代企业制度的重要保证来自会计。



最后，财会工作的社会性使其为实行市场经济，建立现代企业制度所进行的一系列配套改革结果得以沟通，使微观、中观、宏观经济经财会工作而连成一个整体。

财务会计作为一门社会性及实践性很强的学科，无论各行各业、各种所有制形式，无论执行的是何种财务制度，其共性和相通的一面是客观存在的。企业进行的微观经济改革、国家进行的金融、财政、税收、投资、外贸等中观经济改革，或是国家制订的宏观经济政策、进行的宏观经济调控，其结果无一不具体而实在地在各自会计上得到体现和反映。透过会计我们或许还会发现对实行社会主义市场经济、建立现代企业制度更有益的东西。

以上论述虽欠完备，但它对增强会计人员和会计理论界的责任感与使命感，增强从事会计理论与实务工作的信心，使我们对会计重要性的再认识有一定的作用，希望能得到大家的认同。

# “一把手”重视财务就是重视自己

[摘　要]　本文从“一把手”的职责、权力、地位,财务工作的特点、性质、作用着手,提出了财务工作寿命长于单位寿命、财务工作记录反映单位每时每刻的业务、管理和人员活动、记录反映单位每位员工的业务和管理活动、记录反映单位各项业务和管理活动的观点,论述了单位“一把手”重视财务的必要性和重要性。

[关键词]　一把手　财务

“一把手”,就是单位的法定代表人,有时叫单位负责人。

《会计法》第四条规定,单位负责人对本单位的会计工作和会计资料的真实性、完整性负责。俗称单位负责人是本单位会计工作的第一责任人。

有人解释:法定代表人就是打官司站在被告席上的人。

作为国家法律,将某些业务工作责任直接指定落实到人,落实到单位最高管理者的,《会计法》是第一个。

为什么要将单位“一把手”锁定为单位会计工作的第一责任人?

这是单位“一把手”的职责、权力和地位决定的,也是财务工作的特点、性质和作用决定的。

## 一、单位负责人的职责、权力和地位决定了其是单位会计工作的第一责任人

1. 从单位负责人的职责来看

单位负责人应对本单位所有经营管理工作负责,包括应对本单位会计工作负责。

(1)《中华人民共和国公司法》规定:单位法定代表人拥有公司代表权、业务执行权、股东大会召集并主持权、董事会召集并主持权、董事会决议检查权,有公司、单位所有重大业务和对外代表公司、单位处理业务的权利。根据权利与义务对等的原则,法定代表人应对所作出的决策和形成的决议负责,而公司、单位所作出的决策和决议多数都可成

为公司业务和管理活动的依据，当然就成为公司财务管理与会计核算直接或者间接依据。所以，要求单位负责人对本单位的会计工作和会计资料的真实性、完整性负责是有依据和理由的，是切中了要害和找准病根的要求。

(2)会计工作是企业生产经营管理工作的主要内容之一，是单位负责人责任范围的重要组成部分。

(3)单位主管会计工作的负责人、会计机构负责人、会计主管人员和有关会计人员的任免、聘任或解聘权一般为单位负责人，他必须承担相应的责任。

(4)单位对外提供的会计资料和财务会计报告是以单位的名义，单位负责人均签字盖章，就应对财务会计报告的真实性、完整性负责。

2. 单位负责人对本单位会计工作负第一责任

这有助于提高单位信誉、降低成本、提高效益，有助于提高管理水平、增强竞争力，有助于转换经营机制，有助于会计工作和企业行为规范化、法制化及维护正常、健康的经济秩序。

## 二、财务会计工作的特点、性质和作用决定了单位负责人是单位会计工作的第一责任人

财务工作涉及单位所有业务、所有人员、全部时间甚至超过单位寿命时间，政策性强、专业性强、综合性强，是单位的核心管理工作，是一项痕迹管理工作，是凡检查必看的内容，是秋后算账和追究责任的主要内容。

1. 财务工作寿命长于单位寿命

财务工作往往在单位正式注册成立之前就已经介入，在办理营业执照、税务登记证、机构代码证等之时，必须办理银行开户，注册资本收缴、验资等相关手续。在企业停业、破产倒闭之后，企业、单位的财务会计工作并未停止。企业破产清算、债务清偿仍需财务部门和财务人员去完成。财务工作始于单位成立之前，终于单位消亡之后，这是财务工作区别与其他管理工作、业务工作的显著特点。

2. 财务工作记录反映单位每时每刻的业务、管理和人员活动

财务工作以资金管理为核心和纽带，记录单位每一笔资金的筹措、到账、付出、结余，每日甚至每时每刻反映单位的业务活动开展情况，管理工作开展情况，每位员工工作情况。

3. 财务工作记录和反映单位每位员工的业务和管理活动

所有业务活动和管理工作都是由人来完成的，凡是涉及资金的业务，在财务上均有记录。每位员工的工资、福利、奖金都由财务部门发放，每位员工的借款、报销都须通过财务部门办理，甚至员工家中的变故如父母去世等，员工生病，在财务上就会出现抚恤金、丧葬费、工伤费、慰问费等。员工的调入、调出、晋级、奖励、处罚财务上均有记载。

4. 财务工作记录和反映单位各项业务和管理活动

几乎所有的管理活动都需要资金，凡是有资金运动的事项财务上均有记录。业务活动开展了什么内容，支付了什么款项，收到了什么款项，收到多少，业务活动的经济效益如何，在财务上一查便知。管理活动开展的如何，安全投入是否充足、职工教育是否到位，管理责任是否夯实，管理活动目标、绩效、单项、综合奖惩是否及时兑现，包括获得了哪些奖励、受到了什么处罚，财务上一清二楚。

财务是一项综合性很强的痕迹管理工作，其他业务和管理活动如人事管理、计划管理、生产管理、技术管理、营销管理、经营管理、安全管理等无法比拟。

从财会工作的性质和作用看，它关系着国家、企业、单位的生死存亡。

国家宏观经济，行业和地区中观经济，企业、单位微观经济决策离不开会计信息。微观会计信息支撑中观经济信息，中观经济信息支撑宏观经济信息，宏观经济信息支撑着宏观经济政策，宏观经济政策的制定和实施则影响着中观经济和微观经济。微观经济管理的核心在于决策，决策离不开信息，经济决策离不开会计信息。所以说，会计信息是经济决策的依据，做好会计工作，对于强化经济监督、防范财务风险和经营风险有着极为重要的作用。发挥好财务管理和会计核算的作用，对于落实经济责任，提高经济效益作用巨大，会计工作还能推动对外开放和企业做大做强，是企业实现跨国经营，实现兼并重组的基本工作和前提条件，因为会计是国际通用的商业语言，语言不通就无法做生意。

原国务院副总理姚依林同志在 1980 年全国会计工作会议上指出：“哪一个企业要是不重视会计工作，那么，这个企业在竞争中必然失利，这个企业职工的生活必然受到影响，这个企业的领导一定会被淘汰，这个企业对国家的贡献就不会达到一个好水平。如果企业的领导不懂会计，从长远看，他就不配当企业领导。”

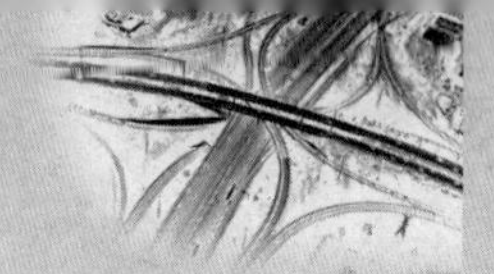

孔子曰:其身正,不令则行。其身不正,虽令不行。

无论任何工作,只有“一把手”做好了,才能管住管好分管领导,分管领导做好了,才能管住管好部门领导,部门领导做好了,才能管住管好全体职工,全体职工做好了,单位的工作何愁之有?

有领导指出:出问题的都是不重视的。违反制度的,不按制度办事的,带头破坏制度的,都是领导。其他人员无权改变制度,想改变制度领导不允许也行不通。

按照相关规定:单位“一把手”离职必须进行审计,离任审计、任职审计结果必须与干部考核、干部任用结合,审计结论要装入个人档案,要上党委会、党组会研究,审计查出的问题必须在整改落实后才能任命。

单位财务管理混乱,就不能说“一把手”管理能力强、业务能力强。单位财务制度不健全、执行不力,就不能说“一把手”政策水平高,能认真执行国家相关政策制度。

管理能力不强、业务水平不高、政策水平不高、不能认真执行国家相关政策制度的“一把手”,留任、调任、提职合适吗?

由于没有重视财务工作而影响自己的前程,责任在自己而不在别人。所以说,“一把手”重视财务工作就是重视自己。

# 财务管理的职能与作用

## ——从一级法人多级核算类集团公司总部财务管理说起

[摘　要]　本文以陕西交通集团为例,介绍了财务部门在参与决策、制定制度、执行制度、资金筹措、资金拨付、教育培训、监督检查、配合审计检查、财务信息报告、业务联系十个方面职能与作用及其具体发挥情况,一方面展示了财务工作的繁杂与艰辛,另一方面展示出财务人员在单位管理中的重要职能与巨大作用,这对全社会正确认识和高度重视财务工作,尊重财务人员,善待财会工作者将有很大裨益。

[关键词]　财务管理　职能　作用





在我国,集团公司往往由多个法人主体或多级法人主体组成,数量较多的达到几十家、几百家,较少的也有几家、十几家,层级较多的达到三四级,一级法人类集团公司比较少见,而一级法人多种业务、多级核算的集团公司更是凤毛麟角。本文以陕西省交通建设集团公司(以下简称"陕西交通集团")为例,谈谈一级法人多级核算类集团公司总部财务部门的职能与作用。

陕西省交通建设集团公司是按照陕西省委常委会决定事项通知(〔2005〕6号)和省政府党组《关于我省高速公路建设体制调整和企业重组的意见》(陕政党组发〔2005〕4号)精神,由陕西省人民政府于2006年3月15日批复(陕政函〔2006〕23号),2006年4月15日挂牌成立并实际开展业务,2006年8月31日领取了营业执照,11月2日领取了银行开户许可证。

陕西省人民政府同意以陕西交通投资有限责任公司、西安绕城高速公路生态林带建设管理局为主体,组建陕西省交通建设集团公司。整体并入该公司的还有陕西省交通运输厅商界高速公路建设管理处,陕西秦岭终南山公路隧道有限责任公司,陕西省公路局管理的靖王、吴子、子靖等八条在建及运营高速公路,陕西省高速公路建设集团公司管

理的福银线西安—咸阳机场高速公路，榆林市交通局管理的榆林—陕蒙界高速公路、靖边—安塞高速公路榆林段，延安市交通局管理的靖边—安塞高速公路延安段移交并入陕西交通集团，民间戏称“八国联军”、“先有儿子后有老子”。该公司由陕西省国资委依法行使国有资产出资人权利，并授权委托省交通厅管理。为国有独资企业，承担陕西省公路建设、运营相关责任，具体负责公路建设项目前期筹划、资金筹措、项目建设、运营管理、经营开发、资产管理、债务偿还、利息债付等职责。

截止到2011年年底，该公司管辖的在建和运营公路里程为2 343公里，其中运营高速公路1 800公里，全部为政府还贷公路，由15个运营分公司具体负责收费、养护、路政、治超、服务区等业务，分公司下设36个管理所（其中33个负责政府还贷收费公路管理，3个负责收费经营公路管理），32对服务区及停车区；分公司机关、管理所、服务区均实行独立核算；管理一、二级公路123公里，为收费经营公路；在建高速公路742公里，一级公路50公里，分别由12个建设项目管理处管理；有控股经营单位9个，总资产1 539亿元，总负债1 182亿元，资产负债率76.8%，拥有员工12 083人。

该公司总资产中，政府还贷公路及其附属设施占比已超过98%，主要为在建高速公路及通车运营高速公路，实行一级法人（陕西省交通建设集团公司），建设项目实行集团公司—建设管理处两级核算三级管理，运营公路实行集团公司—运营分公司—收费管理所、服务区三级核算四级管理。所辖建设管理处、运营分公司、收费管理所、服务区无法人资格，不能筹融资，所需资金由集团总部财务部门筹措，按月逐级拨付。总部财务部负责全集团资金筹措、还本和付息、资金拨付、资金监管、财务监督和会计核算工作。

这种核算与管理模式之下，集团总部财务部职能较多、职责较重、作用较大。仅2012年上半年，集团关于融资业务已召开了九次董事会，常常由笔者一个人向集团董事会及领导班子十多人汇报。有领导开玩笑说，搞不清是你给领导开会还是领导给你开会。还有就是审计检查多，仅2011年集团财务部迎接各类审计、检查三十六次，包括中纪委、审计署、省纪委、审计厅、财政厅、交通厅、银监局、国税局、地税局、重大项目稽查办等方方面面的检查，总部财务部门首当其冲。又有领导开玩笑说，你红火得很嘛，一年四季有生意，还让大家都跟着你转。

笔者认为,这种一级法人多级核算类集团公司总部财务部门至少承担以下十种职能,其作用不言而喻。

## 一、决策职能

集团涉及财务事项的决策,财务部门必须参与,而不涉及财务的业务事项少之又少,包括集团年度建设计划、运营计划、养护大中修计划、收费站改扩建计划、服务区改扩建计划、基地建设计划等全部计划都必须财务部门参与审核;集团资金筹措、还本付息计划由财物部门亲自编制;集团所有经济合同的审核、各种批复文件的会审都有财务部门的职责。各种活动都得花钱,要花钱财务部门得说话。集团董事会、党委扩大会、董事长办公会、总经理办公会、各种专题会财务会议财务负责人都得参加;各种业务制度中有关财务方面的意见和建议必须由财务部长提出或审核。

所以财务部门就是集团的决策中心之一。





## 二、财务制度与管理措施制定与发布职能

陕西交通集团是新成立的企业集团,成立前八个单位各自均有财务制度,由于体制不同、理念不同、要求不同、基础不同,必须针对新单位特点制订统一的财务制度。我们分别制订了《财务基本制度》、《基本建设单位财务管理制度》、《收费公路财务管理办法》、《总部经费管理规定》、《高速公路服务区财务管理与会计核算办法》、《路政收支财务管理与会计核算规定》、《对外投资管理办法》、《保证金管理办法》、《财产清查盘点制度》、《援建项目财务管理与会计核算暂行规定》、《发票收据管理规定》、《会计档案管理办法》、《会计电算化管理办法》、《其他业务收支营业外收支核算管理规定》、《财务会计工作监督检查办法》等财务制度以及关于实行资金旬报制、资金运动情况月报制、资金限额控制、资金筹措“三重一大”措施,资金监管“三管齐下”措施,资金拨付“会审会签”措施,财务监督“五位一体”措施、财务检查“通报整改”措施,会计档案标准化措施、会计报表月度联评排名和交叉审核措施,新成立单位定向帮扶措施,对财务管理薄弱单位专项帮扶措施,财务人员岗位定期轮换措施,明确岗位职责与工作目标责任措施,定期定量培训与考试措施等。这些制度、措施保证了财务管理工作运转。

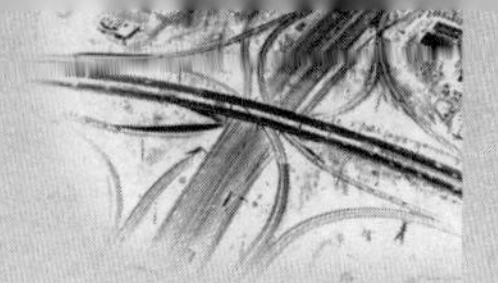





### 三、财务制度与管理措施执行职能

总部财务部编制八人，其中部长、副部长各一人，综合会计、建设及融资会计、运营会计、经营会计、机关经费会计、出纳各一人。每个岗位都有明确的分工和职责要求，以正式的文字要求，报送集团总经理、总会计师，印发至总部各部室、财务部每位员工、所属各单位会计，所属各单位也照此办理，彼此知道各自的分工与职责，便于大家联系工作，更有利于内部相互监督、外部进行检查。

总部财务部各岗位分工明确、职责清晰，人人有事干，事事有人干。每月一次部长办公会，总结上月工作，安排部署本月工作，重大事项由谁干什么，干到什么程度，什么时候完成，大家都非常清楚。各项财务制度、财务管理措施的贯彻执行总部财务人员必须身先士卒。他们不但要按制度、措施要求执行，还要对所属单位，所属业务制度、措施的执行情况进行指导和检查，所以财务部是集团财务制度与管理措施的执行中心。我们也从所属单位抽调业务骨干对财务部各岗位工作的进行单位间互查、共同作为被检查单位参加月度会计报表联评、参加集团公司组织的财务人员业务知识培训与考试等，一视同仁，不搞特殊化，保证了总部财务部门执行中心的地位与作用，增加了所属单位执行制度与措施的信心，也为所属单位树立了榜样。

### 四、资金筹措职能

作为一级法人单位，资金筹措义不容辞地落在总部财务部肩上。作为执行国家“贷款修路，收费还贷”政策，履行公路建设与公路运营管理职责的企业，资金筹措的数量、难度之大，其他行业、其他单位根本无法想象。每年三百多亿元的资金筹措任务，项目资本金不到位、项目土地、工可、环评、规划等手续不齐备，项目超概算、运营初期收入少支出大、年均近200亿元的还本、付息支出需求，国家宏观货币政策的调整、贷款规模控制、银监会“三个办法一个指引”的实施，国家对政府融资平台的清理与限制，地方政府债务剥离，二级公路停止收费等让企业的融资环境变得异常复杂，资金成为制约企业发展、影响企业生存的稀缺资源。我们在争取项目贷款、流动资金贷款的同时，积极拓宽融资渠道，发行中期票据、短期融资券、企业债券、私募债券，开展固定资产融资租赁、信托融资、委托贷款、代理理财、代持理财、工程保理、保理代付、

银行承兑汇票等形式多样的融资业务，基本满足了企业建设、运营、还本、付息资金需求。

我们将合作的20家贷款银行分为六大银行、七中银行、七小银行，不同的银行采取不同的合作策略，与各银行的业务开展均较为成功。我们严格执行贷款融资五种程序（五部曲）：贷款意向、贷款议题、贷款决议、贷款合同、贷款到账。认真审核贷款融资五加二要素：贷款额度、贷款期限、贷款利率、贷款担保、贷款用途；若为中票、短融、企业债、私募债等额度较大、办理复杂的业务，还需增加贷款到期的承接、中介机构选择（包括评级机构、法律服务机构、审计服务机构）两要素，规范贷款行为，努力降低资金成本。

作为只有一级法人的陕西交通集团，贷款必须由另一规模、实力相当的法人单位给予担保，我们向省交通运输厅请示，由省厅指定省内另一家高速公路集团给予担保，同时我们也按省厅要求，向省厅直系统其他兄弟单位担保。贷款、担保已成为集团财务部最重要、最常见的业务之一。




**五、资金拨付职能**

前已述及，集团所属各建设单位、运营单位所需的全部资金通过集团财务部筹措，并按月、按计划、按进度、按实际需求审核拨付。

按照中央“三重一大”决策要求，我们制定并实施了严格、规范的资金拨付程序和详尽的审核标准。

建设资金“三部会审、三总会签”：由建设单位按月提出资金需求申请，经集团建设管理部、计划经营部、财务部三个部门审核，由分管建设的副总经理、总会计师复核，最后由总经理批复拨付。

运营资金“五部会审、二总会签”：由运营分公司按月提出资金需求申请，经集团计划经营部、养护部、服务区管理中心、房建办、财务部就各自业务提出审核意见，经总会计师复核，最后由总经理批复拨付。

总部经费“二部会审、二总会签”：由经办部门负责人、财务部门负责人审核，总会计师复核，总经理审批支付。

按照资金拨付与月末资金结余结合、与会计报表质量结合、与检查整改情况结合、专项检查监督管理与抽查监管结合、资金面上监管与点上监管结合、月末监管与日常监管结合的六结合原则，严格审核资金使用，控制资金拨付，从源头上把好资金出口关。

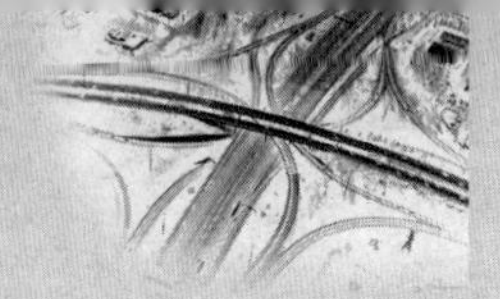



## 六、教育培训职能

交通集团业务发展迅猛、财务人员来源范围广、增长快、经验不足；各单位资金量大、业务繁杂，加强财务人员的教育培训显得尤为重要。

集团财务基本制度规定：所属各单位财务部门负责人、财务人员必须具备一定的任职条件，各单位财务科长的任免必须征得集团财务部同意，这从大方向上控制了各单位随意任用、解聘财务科长现象。集团文件要求，财务部每年必须组织八次财务人员培训，包括继续教育培训一次，片区培训三次，专项培训两次，专题培训两次，组织财务人员业务知识考试两次，上下半年各一次。考试成绩在集团范围内公布，连续三次考试不合格给予调整岗位警告，第四次考试仍不合格，调离财务岗位。要求所属运营单位每月必须组织一次培训，每季度必须组织一次考试，培训与考试情况作为集团抽查和年度评比的主要内容之一。

通过强化培训、强化考试，提高广大财会人员学习业务知识，提高适应能力和工作水平，为集团发展奠定良好的财务人才基础。

## 七、监督检查职能

财务制度和财务管理措施的贯彻落实靠自觉是不行的，必须通过周而复始的监督检查方能督促按要求执行。

我们通过单位自查、单位内部互查、单位之间互查、集团抽查、年度综合评比（“五位一体”）措施，加上年度货币资金管理情况专项检查、路政收支及路政票据管理情况专项检查、服务区收支管理情况专项检查、会计报表月度联评、会计报表交叉审核，各种检查要求出具规定格式和内容的检查报告，检查报告必须指出存在的问题和建议，所有问题必须进行限期整改，整改情况必须向集团公司专项报告等方式，形成了人人可监督、人人受监督、时时有监督、处处有监督的全方位、立体化、网络化、全过程的监督检查氛围，达到了互查、互监、互帮、互学、互促的效果。

## 八、配合审计检查职能

陕西交通集团拥有资产量位居陕西第二，资金周转量巨大，是各级各类审计、检查、稽查的重点单位。各种检查、审计大多数以财务为切入口，集团财务部就成了名副其实的被审计检查中心。

我们接受过重点建设项目审计、稽查、检查，财务收支审计、经济效益审计、企业管理审计、资产、负债、权益审计、领导任职审计、政府债务审计、应急抢险资金审计，贷款资金检查、税务检查、小金库检查、假发票清理检查、工程建设领域突出问题治理等大大小小的审计、检查、稽查上百次，对我们加强财务管理，不断提高管理水平有很大帮助。

## 九、财务信息汇总报告职能

陕西交通集团业务涉及公路建设、公路运营管理、工程施工、工程监理、工程质量检测、高速公路服务、石油产品销售、房地产开发、宾馆服务、收费经营公路管理等十多个领域，执行的会计制度有七八种之多。除正常的对外合并报表之外，我们要按月向省国资委报送企业快报，向省财政厅报送财政快报。为了适合财政收支两条线管理和预算管理要求，我们编制了二十多种内部管理报表，及时、准确向上级单位、集团领导和相关部门提供所需的财务会计信息。为了适应集团发行中期票据、短期融资券、企业债券需要，集团每季度须定期向指定媒体公告财务报告及相关信息，财务部门成为集团财务与经营信息汇总与报告中心。

## 十、业务联系职能

陕西交通集团总部财务部对内必须与10多位集团领导、20个多内设部门、近60家下属单位发生业务联系；对外必须与财政厅、国资委、交通厅、审计署、审计厅、国税局、地税局、工商局等近10家上级单位，30多家贷款及业务合作银行，近十家省内同行业合作单位发生密切业务联系，可以说，总部财务部是集团内部联系业务最多的部门。

财务管理的四大职能，预测、决策、计划、控制在交通集团能够得到充分发挥，会计核算的四大职能，确认、计量、记录、报告以及会计监督职能在交通集团财务部都能得到充分运用，这是其他行业、其他企业少有的机遇，这为交通集团财务部员工发挥聪明才智提供了难得的舞台。

正确认识财务的职能与作用，向集团领导和全体职工宣传好财务的职能与作用，努力取得单位领导和各部门员工的理解、支持，才能更好地发挥财务的职能，显示财务管理的巨大作用，单位才能更好更快更健康地发展，财务人员在企业发展的同时才能获得更大的发展和进步。

# 财会专业篇

# 财务工作推行全面质量管理的体会与收获

[摘　要]　本文将全面质量管理基本观点、基本方法运用到财务工作中,在会计工作分类及汇总方法研究、对我所暂付款项结构及其规律的研究、医药费的科学化管理等方面取得成果,为我们拓宽财务工作的思路,改进财会工作方法,提高工作成效进行了有益的探索。

[关键词]　全面质量管理　财务工作观念　思路　方法

随着经济、科技体制改革的不断深入,国家、企业对会计工作的要求也越来越高。为了满足新形势下对会计工作的要求,我们单位会计工作在通过去年达标验收的基础上,今年又在推行全面质量管理(TQC)方面取得了可喜的成绩,现就笔者所从事审核报销及暂付款管理工作为例,推行 TQC 对其主要内容的运用情况加以说明。





## 一、TQC 基本观点的运用

学习和运用 TQC 首先必须更新观念,头脑中要牢固树立起 TQC 的基本观点,方能使推行、运用工作真正进入 TQC 状态之中。

1. 树立一切为用户服务的观点

必须明确我们的用户包括国家、社会、本单位、各部门、各岗位和全体职工。对国家和本单位来说,就是要按照国家的政策、财政、财务制度及本单位的各项规章制度办事,以国家和本单位的目标作为自己的奋斗方向,确保国家、本单位的利益不受侵犯,并创造出最佳的经济效益;对本单位各部门及全体职工来说,会计工作提供优质、高效服务,满足他们的各种合理要求就更为重要。财务工作与本单位各部门及全体职工有着非常密切的联系,尤其是一线的研究科室及科研人员,他们是我所的支柱和主力军,是财务工作体现经济效益的源泉所在,只有为他们服务好,满足他们的要求,才能促使全所的各项工作,特别是科研工作有良好的开端,坚实的经济基础和切实的保障;对本室各岗位的用户来说,“下道工序是用户”的观点就更应明确。作为第一道工序(核报销、制凭证)的承担者,如果把不好质量关,编制的凭证有问题,其他岗

位按错误的凭证记账、汇总，都将出错，全室的工作就会受到影响。所以必须牢固树立为下道工序、其他岗位打好基础，服好务的思想，这样才能保证本室工作的整体质量和效率的不断提高。

2. 树立防检结合、以防为主、重在提高的观点

主要是进行三环节管理，设置管理点，制订工作标准和流程图，以保证和不断提高工作质量。

3. 树立一切用数据说话的观点

财务工作本身就是数据工作，所以就必须养成数据说话的习惯，才能给人留下具体、深刻的印象，才能得到了解、理解和支持。

我们单位原属纯事业单位，每年就靠不到40万元的经费维持着，财会工作由两名同志承担。近几年，由于科技体制的不断改革，我们成立了技术开发型科研单位，事业经费已减拨到位，变成全部依靠创收来维持和发展，财务室增加到5人，而工作似乎还没有以前完成的出色，全所职工甚至还有部分所领导意见非常大，说我们人增加了工作倒不如以前了，决定对我们室“机构精简”。我们虽给领导解释：现在和以前的情况不一样了，会计制度变复杂了，会计的业务量增大了，要求也高了。但所领导对这种抽象的解释不能很愉快接受。所以只能通过现在和过去会计工作的具体数量变化对比，如原来每年仅有76万元资金周转，现在高达600多万元；原来职工不足100人，现在已接近200人；原来仅有几个课题，并且是统一核算，现在变成179个课题，而且是单课题核算；原来是经费领报型，不计成本，现在还要分纵、横课题单独决算收入、成本、收益等，通过具体而翔实的数据说明，使所领导及职工对我们的工作有了进一步的了解，进而就非常理解和支持我们的工作。

比如，我从事的审核报销及暂付款管理工作烦琐、复杂、业务量大，今年1～8月编制凭证3 017份，月均377份，日均18份（注：每月按21报销日计算）；开发票、收据251份，月均41份，日均2份；等级经费本、结余额12 000笔，月均1 093笔，日均52笔；登暂付款638笔，月均79笔等。数据列示，极易得到大家的认同和理解。以上事实说明，财会工作有数据说话比有抽象的概括效果好得多！

## 二、质量保证体系、工序管理、QC小组活动的运用

QC小组活动是TQC的支柱之一，运用的PDCA循环工作法也是TQC的基本方法；工作管理是TQC的核心；而质保体系则是TQC的精

髓。它们三者间具有点、线、面的关系,我们就将这些具有密切的内在联系,在 TQC 中起着非常重要的内容渗透到财会工作中,取得了良好效果。

1. QC 小组活动对财会工作的作用

我们所在开展 TQC 活动以来,已举办了两届 QC 成果发布会,我们室均参加了,共发布成果三项:"会计工作分类及汇总方法研究"、"对我所暂付款项结构及其规律的研究"、"医药费的科学化管理",前两项成果均获得三等奖。现就"对我所暂付款项结构及其规律的研究"成果为例,说明我们 QC 小组活动进行及取得的成果情况。

应收及暂付款既是我所存在问题较多,难以管理,不易清理的账户,又是一个重要而实用的资金运用类科目,它在我所的运用频率很高,管好、用好它,非常有利于我们所的科研工作。我们就以它为对象,成立了 QC 小组,以便尽快解决这个重大而麻烦的问题。在现状分析时,通过对借款率、使用率、归还率、部门投向结构、用途投向结构的分析,发现我所暂付款借款率高、使用接归还率低,各部门、各种用途的借款频率、金额都极不平衡。从部门看,电子、桥梁室为主要欠款部门;从用途看,差旅费、材料费、加工费则是关键的少数。我们根据分析的结果,制订了对策,进行有目的、有对象的控制,其中运用了三环节管理工作法,即:尽量采用先交发票或收据再付款,减少借款业务发生(事前控制);严格审核差费借出量,提高使用率(事中控制);前账不清,不予借后账(事后控制),再配之以严格的财务制度和其他措施。在初步实施后,效果非常显著,使人均借款下降了 30%,借款总余额日均下降 12.32%,分别比预定目标提高了 50% 和 23%。可见,财会工作用 QC 小组活动解决关键问题、薄弱环节还是非常有效的。

2. 工序管理、质保体系在财会工作中的作用

作为 TQC 的核心,工序管理是指:为了保证产品(成果)质量,必须使影响每道工序质量的制约因素都在控制范围之内,只有确保每道工序的质量,不使上道工序的不合格品转入下道工序,才能保证产品(成果)质量。许多人认为,工序管理只适合有实际产品、成果的部门,像财务这样的管辅部门,不能或者不易推行工序管理,我们单位就是这样,对这部分内容除一线研究科室外,二线的行政、后勤部门不学、不考,也不用工序管理。但笔者在自学工序管理这一章内容后,认为工序管理对行政、后勤部门,特别是财会工作也是适用的。

按照财会工作的程序，其审核原始凭证，稽核、出纳收付、登记明细账、汇总记账凭证、登总账，编制会计报表等不同岗位、不同工作，都可以看成是不同的工序，因为各岗位之间有着密切的内在联系，且有明显的先后次序，即具有上下道工序的关系。如果凭证填制不正确，稽核不严密，那么以后每个岗位的工作都要出问题，所以对每个岗位、每道工序通过实施三环节管理、设置管理点等措施进行质量控制，不使上道工序的不合格品转入下道工序，保证好每个岗位、每道工序的质量，才能使整个财务工作的质量不断提高。

质保体系是TQC的精髓，它的建立和健全是TQC向纵深发展的重要标志。我们财务室根据质保体系的基本内容，成立了TQC领导小组并明确了职责分工，制订了本室的质量目标，TQC教育措施、QC成果奖发放办法、综合奖发放办法、工作流程图、各岗位工作流程图、各岗位的质量责任制考核标准及质量信息反馈制度等，使TQC的运行建立在有目标、有制度、有程序、有考核标准、有信息反馈的基础上，使财务工作的质量有切实保证并得到不断提高。

根据记账岗位的工作流程图，结合我所暂付款量大、户多、记账质量较难保证的实际，又制订了如下的记账流程：

(1)每日记账将记账凭证分为三大类，即现付、银付，现收、银收和转账。

(2)每笔凭证记完账后，进行账证核对，并将记账数字写在底稿纸上，以便以后核对检查。

(3)每类凭证记完账后，进行账账(总账发生额与明细账发生额在底稿上)核对，如果不相符，应检查纠正，相符后方可进行另一类凭证的记账。

(4)各类凭证记完账并与总账发生额核对相符后，结出明细账余额。

明细账余额合计与总账余额核对相符后，划红线结账。

通过严格执行记账流程，每月记账的准确率几乎都是100%，大大提高了工作效率和信誉。

对审核报销工作，则将其按审核、分类、计算、制单、开收据或发票、反映结余额六个步骤、六道工序进行，其管理点就是“计算”这一步；用三环节管理法，就是事先认真学习规则、制度、专业知识、先进方法并积极听取客户意见；事中要认真审核原始凭证的内容、数量、金额、日期、印章、签字等，按会计科目规定加以科学分类，快速、准确地进行计算，并复核一次计算结果；事后由稽核、出纳等岗位人员再进行复查，及时提出问题和意见，以便改进和提高。

总之，通过在财会工作中结合实际，科学的运用 TQC 的理论、观点和方法，使我们的工作质量有较大提高，并初步摸索出一套解决财会工作质量问题、提高其质量和效率的方法。在陕西省建设厅第七验收组来我所进行 TQC 达标中期检查时，对我所财务室 TQC 的推行情况及取得的成果给予了高度评价。我们决心再接再厉，继续努力，使我所财务工作在 TQC 的推行和运用中取得更大成就。

（本文发表在《陕西交通会计》1991 年第 4 期）

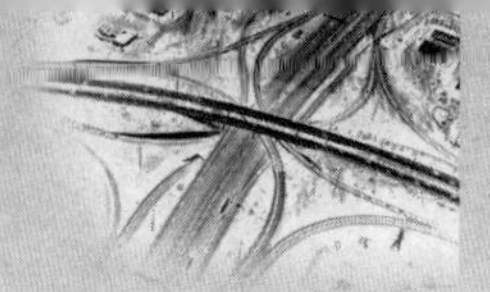




# 企业大额度资金运作监管措施与机制探索

[摘　要]　本文通过对陕西省交通建设集团公司在实施大额度资金运作监管过程中摸索总结的监管好七个环节，控制好三个重点，采取六个结合的八项措施的介绍分析，研究探索建立严密、完善、科学、有效的企业大额度资金运作机制。

[关键词]　大额度资金运作　措施　机制

“三重一大”事项是党中央、国务院非常关注、高度重视的事项，“三重一大”中的一大是指大额度资金运作，是财务管理的重要内容。企业管理的核心是财务管理，财务管理的核心是资金管理，资金管理的重点是大额度资金管理。资金是企业的血液，是企业各项业务赖以开展的前提和保障，筹好资、用好资、管好资是企业管理特别是财务管理的关键，采取严格有效的资金监管措施，建立良好的监管机制对搞好企业大额度资金运作非常必要也十分重要。

陕西省交通建设集团公司(以下简称“陕西交通集团”)是2006年4月成立的国有大型企业集团，主要负责省内高速公路的建设、运营管理和公路相关产业的开发工作。资产量大、资金量大、单位成立时间短、人员相对年轻、所属单位地域分布广、会计核算单位多、业务发展迅猛、业务内容繁杂、公益服务性强、社会关注度高是单位的显著特点。

由于陕西交通集团年度资金使用量巨大，使用单位多且分散，业务内容繁杂，资金监管难度大、要求高，按照中央对“三重一大”事项管理的要求，为了做好集团大额度资金运作监管工作，建立严密、完善、科学、有效的大额度资金运作监管机制，我们从筹资意向、贷款合同审签、贷款提取、资金拨付、资金使用、资金结余，账户管理、印鉴管理环节监管入手，采取点上控制监管与面上控制监管结合，月末监管与日常监管结合、专项检查监管与抽查监管结合，资金拨付与资金使用、资金结余、报表质量监管结合等六结合办法，探索并实施了八项对策措施，初步建立了陕西交通集团大额度资金运作七个环节、三个重点有效的监管机制。

## 一、资金筹措"二多三公"

陕西交通集团承担的公路建设项目按国家规定35%为项目资本金,65%为自筹资金,主要就是银行贷款。因项目资本金不能按时到位,建设项目贷款资金占项目总投资额80%以上,加之高速公路通车运营初期车流量小、收费额低,不能覆盖贷款利息,运营公路的养护大中修支出、开办费支出,运营管理类支出等仍需通过银行贷款来解决,年贷款额超过150亿元。截至目前,陕西交通集团与近二十家银行及金融机构有业务往来。我们本着"多渠道、多元化,公开、公平、公正"的原则与各家银行及金融机构发展业务关系,充分利用项目贷款、流动资金贷款、信托融资、发行债券等多种方式多渠道、多元化筹集资金。对所有银行及金融机构,我们公开贷款条件,让各银行金融机构开展公平、公正竞争,提出贷款意向,在对利率、期限、额度、用途、贷款条件综合评比后对符合集团要求的银行签审贷款、担保、质押合同。各种合同由集团计划经营部、财务部、审计室、总会计师、总经理逐级审核,最后由董事长审批签署。我们主动改变贷款合同中对集团不利的因素和条件,在确保集团建设、运营资金需要的前提下,努力减少企业风险,降低资金成本,提高企业经济效益。此谓重点环节监管控制措施之一。

## 二、贷款提取签报审批

我们建立了陕西交通集团贷款提取签报审批制度。在贷款合同签署后,贷款的提取由财务部提出初步意见,经总会计师、总经理审核,由董事长审批后方可提取。审核、审批内容包括上期资金结余额,本期资金使用额、拟提取合同贷款额,提取时间、提取银行、提取额度、提取用途等,严格按照审批的额度、银行、时间提款,做到保证使用、限制积压浪费。此谓重点环节监管控制措施之二。

## 三、资金拨付会审会签

陕西交通集团财务制度规定:建设项目资金拨付由各建设管理处提出月度资金申请,由集团建设管理部对项目进度、质量、资金需求额进行审核,由分管建设的副总经理复核,由计划经营部对项目计划、概算执行情况及资金需求进行审核,由财务部对项目资金管理使用情况、资金结余情况进行审核,结合建设、计划部门意见,提出资金拨付初步

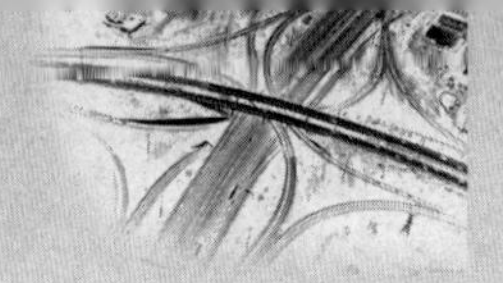

意见，经集团总会计师审核，最后由总经理审批，财务部按总经理审批意见拨付。此为建设资金拨付"三部会审，三总会签"。

运营资金拨付由运营分公司、管理处提出月度资金申请，由集团计划经营部审核计划、预算执行情况，由养护管理部审核日常养护费、公路大中修、水毁抢修工程资金需求情况，由服务区管理中心审核服务区费用需求情况，由房建办审核房建费用需求情况，由财务部审核资金使用和资金结余情况，综合各部室意见提出资金拨付初步意见，经总会计师审核，总经理审批后，按总经理批示意见拨付。此为运营资金拨付"五部会审，二总会签"。

总部经费由各部室审核、财务部审核，3 000元以下总会计师审批，3 000元以上由总经理审批后报销、办理借款。此为总部经费支付"二部会审，二总会签"。

要求所有支付必须有计划、有概算、有文件、有纪要、有签报，做到依据充分，程序规范、手续齐全。对资金余额超限额、报表报送不及时、质量不高、报表说明不规范、不完善的缓拨、减拨经费、资金。

此谓重点环节监管控制措施之三。



## 四、资金监管"三管齐下"

为了切实抓好资金使用过程和使用结果的监管，我们实施了"三管齐下"措施，即通过资金旬报表、资金运动情况表动态监管，月末资金余额限额控制静态监管、月度会计报表时效性及质量分析综合监管，并依静态、动态、综合监管结果作为拨付经费、资金的依据，以动态监管数据了解掌握所属单位资金有无异常变动，对各单位资金使用过程和结果进行全程监管，全面了解、掌握、监管各单位资金。此谓面上监管控制。

## 五、资金使用"专项检查"

陕西交通集团财务监管"五位一体"措施中，集团抽查措施对所属各单位货币资金管理和使用情况作出了专门规定，要求对所属各单位资金使用情况进行专项检查，出具检查报告中必须有货币资金管理使用情况检查的内容，要求所属单位对检查发现的问题写出整改报告，制定完善措施、办法，增强了检查的针对性、实效性。此谓点上监管控制。

## 六、资金结余限额控制

陕西交通集团财务制度规定：所属建设单位月末资金不得超过3 000万元，运营分公司月末资金不得超过200万元，收费管理处、管理处不得超过50万元，努力减少资金沉淀和资金浪费，提高资金使用效率。违反制度有超限额资金结余的单位提出批评并缓拨、减拨经费、资金。此谓月末监管控制。

## 七、账户管理不定期抽查

要求所属各单位将截止过去某月某日现金日记账打印件、现金盘点表、银行存款日记账打印件、银行对账单复印件、银行余额调节表复印件全部报送集团财务部，由财务部组织专人检查，从中发现货币资金管理中存在的问题，对银行余额过大、现金余额过大，违反规定使用现金、银行账与对账单不相符、调节表编制有错误的单位发文通报批评，限期改正，提出完善管理制度、措施，实质性地解决各单位货币资金管理中存在的问题，增强管理深度与广度，提高财会人员对搞好账户日常管理的自觉性。此谓日常控制监管措施之一。

## 八、印鉴管理审核登记

印鉴管理是货币资金管理的重要组成部分，严格的印鉴管理可以防止工作中出现的疏漏，杜绝不按规定用印行为发生。实践中，我们建立了用印审核登记制度，对用印事由、对方单位、金额、支票种类、支票号进行了逐一登记，由经办会计对登记内容、所开支票内容进行核对并签字，再由财务部长审核后方可用印，形成了出纳、会计、部长三人相互牵制的制度。此谓日常控制监管措施之二。

以上是我们在工作中总结的大额度资金运作监管的有关措施和做法，经过多年实践证明非常有效，但它并不一定完善，也并不一定科学，权作抛砖引玉，希望与大家一起探讨更有效、更完善、更科学的大额度资金运作监管对策、措施和方法、理念。

（本文在2011年8月中国西部地区第六次交通财会学术研讨会上被中国交通会计学会评为一等奖，发表在《交通财会》2010年第4期）

# 长期股权投资核算方法及其转化比较

[摘　要]　本文通过对长期股权投资两种核算方法及其相互转化的比较分析，提出了成本法是权益法的简化形式，所有投资项目的会计核算理论上应该采用权益法，权益法与成本法的划分依据是会计核算重要性和相关性原则等。

[关键词]　长期股权投资　核算方法　转化　比较

## 一、为什么要采用两种方法来核算长期股权投资

这要从两种方法的概念、适用范围、长期股权投资的特点说起。

大家知道，长期股权投资是投资中最为典型的一种，与长期债权投资、短期投资相比，其最大特点就是投资企业与被投资企业的经营活动、经营成果、财务状况息息相关。投资企业按持股比例承担被投资企业经营亏损的责任，同样也有按持股比例分享被投资企业利润的权利。投资企业是被投资企业的所有者和股东，被投资企业所有者权益的变化就是投资企业自身财富的变化。从这一点来看，所有的股权投资均应按照权益法来进行。但根据会计核算的重要性、相关性等原则，对于那些对被投资企业无控制、无共同控制且无重大影响即不存在关联方关系的投资企业，或者被投资企业在严格的限制条件下经营、其向投资企业转移资金的能力受到限制，这两种情况对投资企业而言，被投资企业的所有者权益变化均属不重要、不太相关的会计信息，会计上对其予以简化处理，主要遵循历史成本原则，采用成本法对长期股权投资进行计量和确认。

## 二、成本法核算要点简述

作为投资，资金流出是其根本特征，作为会计，对资金流入和流出的计量和确认是其基本任务。首先应对初始投资成本也就是长期股权资的账面价值进行计量和确认。投资的主要目的是取得投资收益，取得投资收益的基本方式是被投资企业分派利润，分派利润的前提是实现利润。也就是说被投资企业分派利润是成本法下投资企业最为关心的事项。

我国企业当年实现的盈余一般于下年度发放利润或现金股利，发放依据往往是下年度中期某日被投资企业的所有股东及其股份而不是年终资产负债表日（12 月 31 日）的所有股东及其股份，这就存在投资企业实际收到的利润或现金股利并非投资后产生和应享有的，而包含投资前产生的、不应享有的部分。对于这一部分的处理，会计上比照短期投资之购价中包含的已宣告但尚未领取的现金股利或已到付息期但尚未领取的债券利息，简称购入息处理。购入息被视为购买（即投资）时垫付的资金，属于债权性质，应作为投资的收回而非投资收益。

对于被投资企业在投资企业投资年被以后的利润或现金股利的处理，由于客观存在的被投资企业实现的利润与分派的利润不相等情况，亦即投资企业应当享有的投资收益与实际流入的资金不相等的情况，投资企业必须对其实际流入的资金进行划分，对应与享有的资金流入作投资收益计价入账，对不应享有的资金流入作投资收回处理。

以下用公式表述资金流入、投资收益、投资收回三者之间的关系。



(1)投资当年三者的关系。

设：$P_1$——投资当年被投资单位实现的净损益；

$R_1$——投资当年被投资单位分派的利润或现金股利；

$T_1$——投资当年投资企业应享有的投资收益；

$C_1$——投资当年投资企业应冲减的初始投资成本（投资收回）；

$L_1$——投资当年投资企业的资金流入；

$S\%$——投资企业持股比例；

$M$——投资当年投资企业投资持有月份。

那么：$L_1 = T_1 + C_1 = R_1 \cdot S\%$，$L = R \cdot S\%$

$$T_1 = P_1 \cdot S\% \cdot \frac{M}{12}$$

$$C_1 = R_1 \cdot S\% - T_1$$

$$C = (R - P) \cdot S\% \cdot \frac{M}{12}$$

(2)投资年度以后三者的关系。

投资当年假设的各字母下标变为 $n$，即代表投资年度以后各项目。则有：

$$\Sigma L_n = \Sigma T_n + \Sigma C_n = \Sigma R_n \cdot S\%$$

$$T_n = R_n \cdot S\% - C_n$$

$$C_n = \Sigma R_n \cdot S\% - \sum_1^{n-1} P_{n-1} \cdot S\% - \sum_1^{n-1} C_{n-1}$$

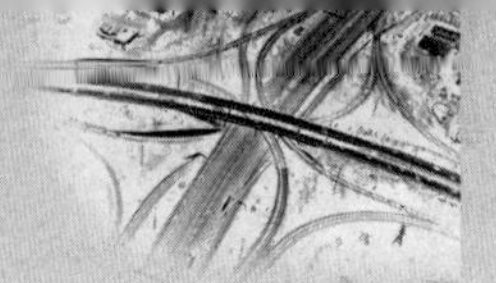

$$\Sigma C_{n} = \sum_{1}^{n-1} + C_{n}$$

式中：$\Sigma R_{n} \cdot S\%$——投资企业累积资金流入；

$\sum_{1}^{n-1} P_{n-1} \cdot S\%$——投资企业累积已享投资收益；

$\sum_{1}^{n-1} C_{n-1}$——投资企业累积已冲投资成本。

## 三、权益法核算要点及其与成本法的比较

前已述及，投资企业是被投资企业的所有者和股东，被投资企业所有者权益的变化就是投资企业自身财富的变化。会计上除被投资企业所有者权益变化对投资企业而言不重要或不甚相关即采用成本法简化处理外，一般均须采用权益法核算长期股权投资。

成本法的实质就是通过长期股权投资账户记录投资的实际成本变化，投资企业的投资资金流出即为初始投资成本，投资资金流入非投资收益便是投资成本的收回。

权益法的实质就是通过长期股权投资账户记录投资企业享有权益的变化，也就是被投资企业中包含的投资企业财富的变化，被投资企业所有者权益的变化。这种变化比成本法下资金的流入非成本即收益要复杂得多。它将资金的流入流出视为权益变化的形式之一，非资金流入流出视为权益变化的另一种形式，这两类形式加在一起就是投资企业应享有的权益的增减变化。

对于资金流出而言，成本法与权益法核算完全相同，均记入长期股权投资账面价值，作为初始投资成本。这也是投资企业对被投资企业“股本”变化的记录。

对于资金流入而言，成本法与权益法核算有所不同。成本法将被投资企业实现利润与分派利润合并计算，以实现利润为基准确定投资收益，以分派利润为标志记录资金流入，两者之差即为投资成本收回，权益法则将实现利润与分派利润分别计算，以实现利润为标志确定投资收益，同样确定自身应享权益的变化，以分派利润为实现利润的兑现即应享权益的减少为特征。被投资企业留存收益的变化被记录在投资企业“长期股权投资——损益调整”项下。

对于非资金流入、流出而言，成本法与权益法有很大差别。成本法不予反映，权益法则必须记录。

非资金流出主要是指初始投资成本调整为新的投资成本过程。为了使长期股权投资账户的账面余额能反映投资企业应享有的权益，在初始投资企业应享有权益，在初始投资成本的基础上，按照应享有权益的变化对初始投资成本进行调整，其差额被记入"长期股权投资——股权投资差额"中非资金流入是指被投资企业除净损益外的其他所有者权益的变化，这种变化集中体现在被投资企业资本公积的变化上，被记录在"长期股权投资——股权投资准备"项下。

## 四、成本法与权益法的相互转化

成本法和权益法作为核算长期股权投资的两种方法，各自有其适用范围和条件，当原有条件发生变化时，会计上应对这种变化作出及时反应。简单来说，原来属于不重要不甚相关的投资事项，由于投资企业对被投资企业的持股比例增加或其他原因，变为重要事项或相关事项，以前的简单处理办法对重要事项或相关事项显然不合适，必须按正常处理办法核算，即由成本法转化为权益法。同理，原来属于重要事项或相关事项的投资，因投资企业对被投资企业的持股比例下降或其他原因，变为不重要或不甚相关的事项，无须再按一般处理办法核算，用简单处理办法即可满足核算要求，即由权益法转化为成本法。注意两种方法相互转化时与该项长期股权有关的股权投资准备项目均不作任何处理。

1. 权益法转化为成本法要点

权益法转为成本法核算比较简单，其突出特点是出售股份等使持股比例下降，核算要点如下。

(1)按出售股份比例分别核减原记入投资成本，损益调整、股权投资差额账面值，售价超过按比例核减额之和的确认为投资收益。

(2)计算出售转让后新的投资成本。

新成本 = 原成本(四项和)核销数(三项和)

(3)分派采用成本法前实现利润，作投资收回处理。

由于权益法下，实现利润增加应享权益，分派利润减少应享权益，权益法下减少应享权益就是成本法下投资收回。

(4)分派采用成本法后实现利润，按应享收益作投资收益，超过应享收益部分作投资收回处理。

2. 成本法转化为权益法核算要点

成本法转化为权益法相对较为复杂，较难理解和掌握的主要有累

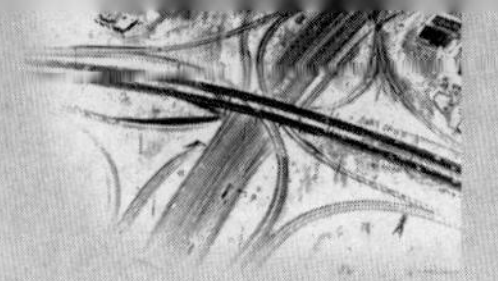



积影响数的计算,追加投资后股权投资差额的计算。

为什么要计算累计影响数?

笔者认为,计算和处理累积影响数是将成本法转为权益法这一会计政策变更的标志性步骤,只有计算出累积影响数并将其妥善处理,才能放心地将成本法转为权益法,否则变更带来的差异和影响算不出、说不清,给人一种随意改变、不科学的印象。累积影响数是连接成本法与权益法的纽带,是消除变化带来影响的润滑剂,是调节成本法下混合成本与权益法下分项成本的杠杆。

为什么权益法转为成本法不计算累积影响数?

笔者认为,既然成本法是权益法的简化和粗略形式,属于对不重要、不太相关事项的处理办法,没有必要浪费精力和时间对累积影响数进行追加调整。另外根据对会计政策变更的认定,"对初次发生的或不重要的交易或事项采用新的会计政策不属于会计政策变更",此处为对不重要的事项采取新的会计政策,不影响会计信息的可比性,不影响会计信息质量,因而无须追溯调整,无须计算累计影响数。

成本法转为权益法核算要点如下。

(1)追溯调整原投资账面价值。

将成本法下的混合成本追溯分解为权益法下的分项成本。其核心点是计算累积影响数,即计算非资金流入、流出所引起的投资收益,所有者权益的变化,将此与资金流入、流出(成本法下的混合成本,长期股权投资账面价值)引起的所有者权益的变化相加,即为权益法下分项成本的合计数。

(2)追加投资中的股权投资差额=追加投资-追加投资时被投资企业的所有者权益合计×追加投资比例=追加投资-追加权益。

(3)追加投资后的初始投资成本=追加投资+权益法核定的原投资成本+权益法核定的损益调整=长期股权投资账面总值-股权投资差额-股权投资准备

(4)追加投资后的新投资成本=追加投资后的初始投资成本-追加投资形成的股权投资差额=投资企业应享有被投资企业权益份额

以上是笔者对长期股权投资核算的一点体会,不妥之处敬请赐教。

(本文发表在《西部财会》2004年第4期)

# 快速准确的分类方法初探

[摘　要]　本文运用全面质量管理“关键的少数,次要的多数”理念,采取“页页清、月月清”的方法分类统计各费用项目,是从本人工作实际中总结的快速准确的财务会计工作方法之一,供广大财会人员参考。

[关键词]　分类统计　会计　数据

快速准确提供核算数据是单位领导对财务人员的要求,也是每一位财会人员对自己的渴求。传统的方法很难做到快速与准确的统一。这里就会计人员常见的从费用账的二级明细科目中分出三级明细数的方法浅略探讨快速与准确的统一,祈诸专家同行赐教。

要说明的是,笔者所在单位属于技术开发型科研单位,执行的是《科学研究单位会计制度》。该制度同《事业行政单位会计制度》差别较大,但其中“院所管理费”科目与《预算会计》的“经费支出”类似,两者的明细科目基本相同。

按照会计报表的要求,“院所管理费”明细账平时只登记到二级明细即可,无须登记三级明细账。但到年终,为了考察年度预算、计划的执行情况,同时为了编制下年度预算和计划,必须从各二级明细科目中分出其三级明细支出数。就“院所管理费”的“公务费”项目来说,其三级明细有 11 个,而我们单位的“院所管理费”明细账本年登记了 81 页,若按照传统方法从每页找出其中的办公费、水电费、差旅费等项目支出数,要翻动账页达 81 × 11 = 891 次,这样统计的结果很难保证准确,这样的工作可能人人见了都头疼!因此,客观要求我们必须寻求一个更为有效的方法来。笔者通过实践发现,采用以下方法,可使分类的快速与准确较好地统一起来,现简介如下。

公务费下分办公费、水电费、差旅费、材料费、燃料费、邮电费、养路费、会议费、用车费、家具器具设备费、其他费等 11 个明细科目,公务费中各种费用的支出发生频率高低不一,有的每月只发生几笔,而有的则发生几十笔。根据这个特点,加上公务费每月都有合计数的好处,通过运用“关键的少数、次要的多数”原理,笔者采取了“页页清、月月清”的

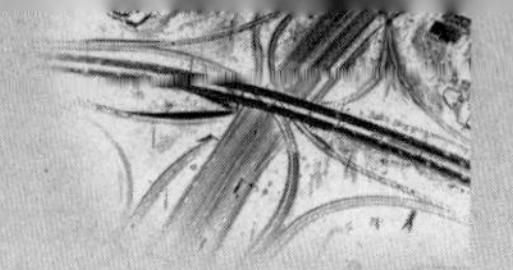



方法分类统计各费用项目,即:每页的公务费支出中各明细支出一次统计完毕,以月为单位将统计出的明细支出合计数与账面合计数核对,以保证月月统计正确。对于其中支出发生额频率高的费用(关键的少数)用算盘统计,算盘可以同时统计二个"高频"的费用项目,其余"低频"的费用项目(次要的多数)逐笔统计在纸上。由于"关键的少数"已被掌握,"次要的多数"因发生的笔数少,逐笔登记在纸上工作量也不大,万一算盘上不能同时容纳二个"高频"的费用项目,可以抄到纸上,拨去后接着统计。这样,每个月的数字可以很快又很准确地统计出来,而且分的项目越多、要分的量越大越能显示出此种方法的优越性。这比起传统方法——"项项清、年年清"要快得多、准确得多。

笔者在公务费分类统计中,对办公费、差旅费采用了算盘统计,而对水电费、会议费等 9 项采用纸上登记统计;在公疗费支出情况统计中,对 31 ~45 岁人员支出及 46 ~60 岁人员支出采用算盘统计,而对其余的 30 岁以下人员、副高工以上人员等采用了纸上统计方法。

当关键数字多于两个时,可以同时使用两个算盘,一次统计四个关键数。这个方法是在没有实现会计电算化的情况下使用的,在实行会计电算化之后,本方法所用的基本原理"关键的少数,次要的多数"和基本方法"页页清、月月清"仍然没有过时。

(本文发表在《交通财会》1991 年第 11 期)

# 四种存货计价方法比较

[摘　要]　本文通过对先进先出法、加权平均法、移动加权平均法、后进先出法的区别与联系比较,特别是对四种方法在假定的成本流转次序、结存存货内容、对资产负债表影响、对损益表影响、纳税影响、适用范围、优缺点等方面比较,为各单位财会人员选择适合本单位实际的方法提供了理论参考。

[关键词]　存货计价方法　比较

存货是企业流动资产的一个重要项目,是有实物存在形式的资产。由于各种存货是分次购入或分批生产形成的。同一项目的存货往往是以不同的单位成本购入或生产出来的。要确定发出货品的价值,就需要确定和选择一定的计算方法。存货的计价方法就是对发出货品和每次发出后的存货价值的计算和确定方法。

新颁布的《运输企业财务制度》第二十二条规定,企业领用或者发出的存货,按照实际成本核算的,可以采用先进先出法、加权平均法、移动加权平均法、个别计价法、后进先出法等确定其实际成本。

由于个别计价法比较简单,本文拟对另外四种方法做比较,以便大家在日常会计核算中有选择地准确把握和正确运用这些方法。为了使比较简明清楚,采用表格方式,见表1~表4。

**先进先出法与后进先出法**　　表1

| | 方法<br>比较项目 | 先进先出法 | 后进先出法 |
|---|---|---|---|
| 区<br>别 | 假定的成本流转次序 | 顺时发出购进存货 | 逆时发出购进存货 |
| | 结存存货内容 | 后购进的存货 | 先购进的存货 |
| | 存货账结存栏日常记录 | 数量、单价、总价三项 | 只有数量一项 |
| | 对资产负债表影响 | 物价上升时资产数额接近实际 | 物价上升时资产数额小于实际 |
| | 对损益表影响 | 收支不配比,虚增利润 | 收支不配比,不会虚增利润 |
| | 纳税影响 | 多纳税 | 少纳税 |
| 联系 | | 都假定了成本流转次序;都严格以时间为序确定结存及发出存货成本 | |

加权平均法与移动加权平均法　　表2

| 比较项目 \ 方法 | | 加权平均法 | 移动加权平均法 |
| --- | --- | --- | --- |
| 区别 | 计算时间 | 定期计算，每月算一次平均单价 | 不定期计算，每购进一批算一次平均单价 |
| | 计算公式 | 见公式Ⅰ | 见公式Ⅱ |
| | 适用范围 | 进货批次较多的企业 | 进货批次较少的企业 |
| | 存货明细账结存栏日常记录 | 只记数量，不记单位成本及总成本 | 数量、单位成本、总成本均要记录 |
| | 优缺点 | 简单、工作量小。<br>日常发出及结存存货成本无法反映，结账慢 | 工作量大。能随时反映发出及结存存货成本，月末结账速度快 |
| 联系 | | 均是分两步计算，先算平均单价，再算发出及结存成本。发出及结存存货均接近实际 | |

$$公式Ⅰ:加权平均单价=\frac{月初结存材料实际成本+本月购入材料实际成本}{月初结存材料数量+本月购入材料数量}$$

$$公式Ⅱ:移动加权平均单价=\frac{本批材料购入前结存金额+本批材料实际成本}{本批材料购入前结存数量+本批材料购入数量}$$

先进先出法与移动加权平均法　　表3

| 比较项目 \ 方法 | | 先进先出法 | 移动加权平均法 |
| --- | --- | --- | --- |
| 区别 | 单位成本 | 采用购进单价，发出及结存存货可能有几种单价 | 要算出新单价，发出及结存存货只有一种单价 |
| | 纳税影响 | 多纳税 | 按实际纳税 |
| | 对损益表影响 | 收支不配比，物价变动时虚增利润 | 接近实际 |
| 联系 | | 存货明细账结存栏均有全月逐笔结存的数量，单价、总价记录，便于日常考核，核算工作量都较大 | |

后进先出法和移动加权平均法　　表4

| 比较项目＼方法 | | 后进先出法 | 移动加权平均法 |
|---|---|---|---|
| 区别 | 单位成本 | 采用购进单价，发出及结存存货可能有几种单价 | 要算出新单价，发出及结存存货只有一种单价 |
| | 损益表影响 | 收支不配比 | 收支配比 |
| | 对资产负债表影响 | 物价上升时，资产数额小于实际 | 接近实际 |
| 联系 | | 计算时间及结存栏记录相同，均属每月定期计算发出及结存存货成本，日常不记录发出结存成本 | |

先进先出法与加权平均法及后进先出法与移动加权平均法的比较从上述即可推知，这里从略。

以上四种计价方法比较，各有长处，使用时可结合本单位具体情况选用。

（本文发表在《陕西交通会计》1993年第4期）

# 四种折旧方法比较

[摘　要]　本文通过对平均年限法、工作量法、双倍余额递减法、年限总和法四种折旧方法的合理性与系统性进行比较，提出了加速折旧法比一般折旧法科学、一般折旧法中工作量法比平均年限法科学的观点，对各种方法的优缺点也进行了分析。

[关键词]　折旧方法比较

《运输企业财务制度》第四章第31条规定：固定资产折旧一般采用平均年限法和工作量法。铁路、船舶及汽车运输企业，其机车车辆、运输船舶和运输车辆可以采用双倍余额递减法和年限总和法。笔者在此对新制度规定的四种折旧方法做一比较，以便大家更好地掌握新旧方法的区别与联系，各种方法的优缺点，具体计算时各因素所起的作用，帮助企业会计人员结合自己企业的实际选择更适合本企业情况的折旧方法。

1. 四种折旧方法的计算公式

平均年限法：$\text{年折旧额}=\dfrac{\text{固定资产原值}\times(1-\text{预计净残值率})}{\text{折旧年限}}$

工作量法：$\text{年折旧额}=\dfrac{\text{固定资产原值}\times(1-\text{预计净残值率})}{\text{预计总产量}\div\text{年产量}}$

双倍余额递减法：$\text{年折旧额}=\text{固定资产账面净值}\times\dfrac{2}{\text{折旧年限}}$

年限总和法：$\text{年折旧额}=\dfrac{\text{固定资产原值}-\text{预计净残值}}{\text{年限总和}}\times\text{尚可使用年限}$

其中：尚可使用年限 = 折旧年限 − 已使用年数；

年限总和 = 折旧年限 ×（折旧年限 +1）÷2

2. 四种折旧方法的合理性、系统性比较

系统合理是对固定资产各种折旧方法的基本比较。所谓系统性，指摊派于各个会计期间的折旧额具有规律性；所谓合理性，指在选择折旧方法时，所选方法的计算结果要大体上符合固定资产的效用损耗情况，比较见表1。

四种折旧方法系统性合理比较表　　表1

| 方法 | 属性 | 合理性 | 系统性 |
|---|---|---|---|
| 一般折旧法 | 平均年限法 | 假定固定资产的服务潜力随着时间的消失而减退 | 年折旧额成等差数列，公差为零 |
| | 工作量法 | 假定固定资产的服务潜力随着其使用程度而减退 | 年折旧额趋于等差数列，公差接近零 |
| 加速折旧法 | 双倍余额递减法 | 配比、均衡、稳健 | 年折旧额成等比数列，公比为1－ |
| | 年限总和法 | 配比、均衡、稳健 | 年折旧额成等差数列，公差为原值÷年限总和 |

表中的工作量法的系统性描述“年折旧额趋于等差数列，公差接近零”，指的是在一般情况下，各年的工作量是基本接近的，而年折旧额与年工作量成正比，所以说其年折旧额趋于等差数列，公差接近零。这是一种粗略的观察结果，描述了工作量法下年折旧额的基本规律。事实上，这种方法更切合实际，它比平均年限法科学。

从合理性角度看，固定资产的服务潜力随其使用程度减退比随时间的消逝而减退要科学。

从系统性角度看，因生产的规律性不够严格，年折旧额的规律性也就未必精确。故趋于等差数列的说法比成等差数列的说法更为客观。可见，一般折旧法中，工作量法更好些。表1中将两种加速折旧法的合理性均描述为“配比、均衡、稳健”，其含义如下。

配比指的是因固定资产在早期生产效能高，为企业带来的收入多，同时，其效用损耗也大。为了更好地体现配比原则，就应在具有更大经济效用的早期，计提更多折旧。

均衡指固定资产的各期使用成本应基本保持均衡。固定资产使用成本包括修理费和折旧费，因修理费随时间推移逐渐增大，折旧费随时间推移逐渐减小才能保持各期使用成本比较均衡。

稳健指在市场经济条件下，企业承担的风险很大。为了保全资产

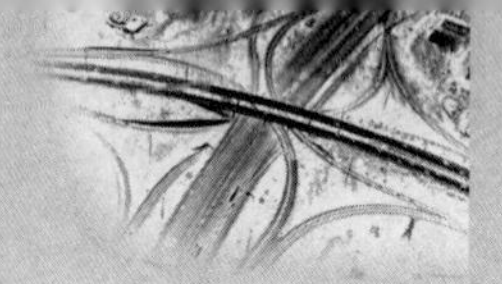

完整，避免或者减少遭受无形损耗、技术淘汰可能带来的损失，按照稳健原则的要求，有必要早期计提更多的折旧，以增强企业应付潜在风险的能力。





从合理性角度看，加速折旧法比一般折旧法科学。一般折旧法只考虑固定资产的服务潜力随时间、随使用程度而减退的情况，没有考虑固定资产的损耗与其所带来的收入是否配比，没有考虑固定资产在各期的使用成本是否均衡，更没有考虑固定资产的无形损耗，显示它不如加速折旧法科学。

从系统性角度看，用加速折旧法摊配于各期的折旧额规律更接近实际。固定资产的效用价值的确在逐年递减，固定资产的效用损耗亦在逐年递减，所以用双倍余额递减法和年限总和法计算的逐年递减的折旧额更科学。

但是，无论采用一般折旧法还是加速折旧法，提取折旧的总额是相同的，都等与固定资产原值 - 预计净残值。其主要不同表现在各期折旧的摊配额结构不同，见图 1。

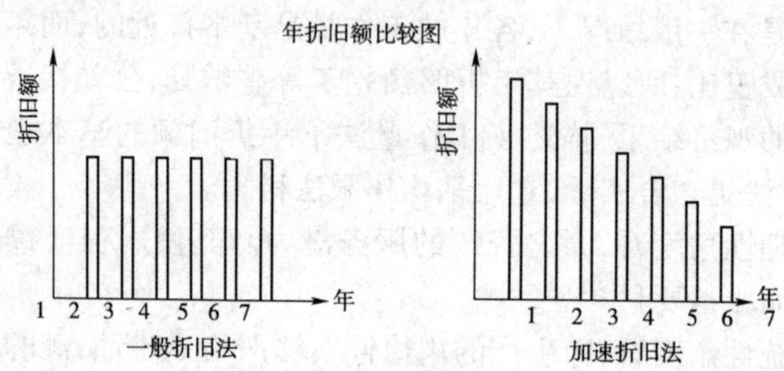


图 1 年折旧额比较图

至于为何提取折旧总额 = 固定资产原值 - 预计净残值，原因是：残值有其自己的补偿渠道（如变价收入），若将残值仍从折旧补偿的渠道（营业收入）中补偿，则会出现残值双重补偿现象。

一般折旧法虽不如加速折旧法科学，但它有加速折旧法无法比拟的简单、易学、好用等优点，所以各单位在计算非主要固定资产折旧时用它比较合适。

3. 四种折旧方法之各因素比较

一般来说，原值、预计净残值、折旧年限、报告年度为各种折旧方法计算折旧时的共同要素，但因每种方法的依据及侧重有所不同，故这四

种因素在四种方法中的关系有所不同，现列表2加以说明。

四种因素对应四种方法关系表 表2

| 折旧方法 \ 要素 | 原值 | 预计净残值 | 折旧年限 | 报告年度 |
| --- | --- | --- | --- | --- |
| 平均年限法 | 直接 | 直接 | 直接 | 无关 |
| 工作量法 | 直接 | 直接 | 无关 | 有关 |
| 双倍余额法 | 有关 | 无关 | 直接 | 有关 |
| 年限总和法 | 直接 | 直接 | 有关 | 有关 |

上表所列各直接因素及无关因素比较明显，根据四种方法的计算公式可直接看出。这里就表中所列各有关因素做以下说明。

①工作量法之报告年度与该年度固定资产的工作量有关，工作量各年度不同，所以年折旧额就与报告年度有关。

②双倍余额递减法中的原值主要是用来确定期初固定资产账面净值的，期初固定资产账面净值为直接因素，原值当然属有关因素。

（本文发表在《陕西交通会计》1995年第2期）

# 所得税会计探讨

[摘　要]　本文通过对所得税会计基本要素及其特点、核算方法及其相互关系的分析和探讨,提出了二类三种七型方法及其共同的要素关系式,为大家对所得税会计的学习和认识作引玉之砖。

[关键词]　核算方法　探讨　所得税会计

## 一、为什么要设立所得税会计

### 1. 什么是所得税会计

所得税会计是研究如何处理按照会计制度计算的税前会计利润与按照税法计算的应税所得之间差异的会计理论和方法。换句话说,所得税会计就是研究如何处理利润总额与应纳税所得额之间差异的会计理论和方法。

### 2. 为什么税前会计利润与应税所得之间有差异

原因很简单,税前会计利润属于会计概念范畴,是根据会计核算原则计算的结果;而应税所得属于税收概念范畴,是根据税收法规计算的结果。由于会计和税法的核算原则、目的有别,对同一事项的处理方法可能会有差异,反映在某一会计主体上的综合结果——税前会计利润、应税所得差异可能更大。

另外,从两者概念来看,税前会计利润、应税所得是两个有着明确含义的概念,两者有差异非常合理,两者无差异倒有点不可理解。

### 3. 会计和税法在税前会计利润与应税所得核算上有什么差异

会计和税法在税前会计利润与应税所得核算上出现差异的原因,在于对收益、费用、资产、负债等的确认时间和范围(可理解为空间)不同,前者称为时间性差异,后者则称为永久性差异。

时间性差异是税法与会计制度在确认收益、费用或损失时,因时间不同而产生的税前会计利润(用 PA 表示)与应纳税所得额(用 PT 表示)之间的差异。时间性差异发生于某一会计期间,但在以后一期或若干期内能够转回。

永久生差异是税法与会计制度在确认收益、费用或损失时，因确认标准不同，即确认口径和范围不同而产生的税前会计利润（PA）与应纳税所得额（PT）之间的差异。这种差异在本期发生，不会在以后各期转回。

据两者的定义可知，时间性差异与永久性差异除形成原因不同外，会计处理方法不同是其根本差别。换句话说，若从某一差异形成到终止的全过程考察，永久性差异被一次处理，之后不再理会，属于绝对差异，用公式表示为$\sum D \neq 0$。时间性差异被多次处理，最终结果是差异被分解和吸收，可理解为相对差异，用公式表示为$\sum D = 0$，这就是所谓的永久性差异不会在以后各期转回，时间性差异能够在以后一期或若干期内转回的本质。

## 二、所得税会计核算方法探讨

既然已经发现问题，找到了差异，接下来就是如何解决问题，如何处理这些差异。

会计上，对这些差异的处理方法分为两种，一种为一次处理，或叫直接处理，此种处理方法称为应付税款法；另一种为分次处理，或叫间接处理，此种处理方法称为纳税影响会计法。这两种处理方法的理解可比照低值易耗品的一次摊销法与五五摊销法。

1. 为什么要采用应付税法和纳税影响会计法来处理这些差异

大家知道，税前会计利润（利润总额）是根据收益、成本、费用等项目，按照财务会计制度规定计算得到的；而应纳税所得额是根据收入总额减去准予扣除项目金额，按照税法规定计算得到的。两者的关系是：应纳税所得额等于税前会计利润加减按税法规定应调整的会计事项，即应纳税所得额等于税前会计利润加减差异（用 D 表示），用公式表示为：$PT = PA \pm D$。

由于差异产生主要有口径和时间两种原因，即有永久性和时间性两种差异，而会计上对这些差异的计量和确认主要分一次计量和确认与分次计量与确认两种方法，所得税会计作为整个会计体系的一个组成部分，自然要遵循一般会计核算原则，其核算方法亦与一般会计处理方法保持同一性，即分别采用应对税款法和纳税影响会计法两种方法，处理税前会计利润与应纳税所得额之间的差异。

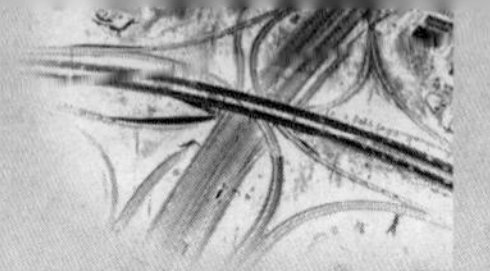

2. 为什么纳税影响会计法又要区分递延法和债务法

对于纳税影响会计法的理解,可以比照长期债权投资中债券溢折价的形成及摊销方法(实际利率法和直线法),两者均有$\sum D=0$的特点,即全过程差的代数和为零。债券溢折价摊销的直线法其特点是计算简单但不准确,不能真实反映债券溢折价的本质,而实际利率法虽然比较复杂,但能较真实地反映债券溢折价的本质,能更好地体现会计计量与确认原则。

同样,纳税影响会计法分递延法和债务法,也有上述债券溢折价摊销方法简单不准确(递延法)、复杂但准确(债务法)的因素。

除此之外,递延法的目的是使所得税费用与在计算税前会计利润时确认的所得相配比,它更注重利润表,能使利润表上所得税费用与其相关期间税前会计利润相配比;债务法的目的是将时间性差异的所得税影响看作是资产负债表中的一项资产或一项负债,从而符合会计概念框架中的资产或负债,它计算确认的递延所得税负债和递延所得税资产更符合负债或资产的定义。递延法和债务法的本质区别就是:运用债务法时,由于税率变更或开征新税时需要对原已确认的递延所得税负债或递延所得税资产的余额进行相应地调整,而递延法不需要对此调整。

## 三、所得税会计核算方法之间的关系探讨

为了便于叙述,下面设定以下字母代表相关项目:

PA——税前会计利润;

PT——应纳税所得额;

F——所得税费用;

D——时间性差异 = PT - PA;

K——永久性差异 = PT - PA;

TY——变动前税率(原税率);

TX——变动后税率(现行税率);

ΔT——税率变动差 = TY - TX;

TN——N 年的适用税率,其数要么是 TX,要么是 TY;

$\sum D$——累计时间性差异;

YT——应交税金;

YA——递延税款。

**几种方法比较表**

| 比较项目<br>方法 | 所得税费用(F) | 应交税金(YT) | 递延税款贷项(TA) |
|---|---|---|---|
| 应付税款法 | (PA+K+D)·T | (PA+K+D)·T | ○ |
| 定率递延法 | (PA+K)·T | (PA+K+D)·T | -D·T |
| 定率债务法 | (PA+K)·T | (PA+K+D)·T | -D·T |
| 变率递延法(非最后一年) | (PA+K)·TN-D·ΔT | (PA+K+D)·TN | -D·TN-D·ΔT |
| 变率债务法(非变率年) | (PA+K)·TN | (PA+K+D)·TN | -D·TN |
| 变率债务法(变率当年) | $D\cdot T_N-\sum_1^{n-1}D\cdot\Delta T$ | (PA+K+D)·TN | $(P_A+K)TX-\sum_1^{n-1}D\cdot\Delta T$ |
| 变率递延法(最后一年) | 倒轧计算 | (PA+K+D)·TX | 倒轧计算 |

通过以上对所得税二类三种七型方法的比较,简单归纳如下几点。

(1)应付税款法为一步处理法,即只用一步即可将所得税费用、应交税金确定,均为(PA+K+D)·T;递延法为二步处理法,第一步先计算应交税金,为(PA+K+D)·T,第二步计算所得税费用,通过本期应交税金对应的所得税费用(PA+K+D)·T减去本期时间性差异所得税影响金额对应的所得税费用D·T;债务法为三步处理法,第一步计算应交税金(PA+K+D)·T,第二步计算非变率年度所得税费用,同递延法第二步。第三步计算变率当年对所得税费用的调整数,这也是对递延税款账面余额的调整数。简言之,第一步计算应交数,第二步计算影响数,第三步计算调整数,这就是三种方法在计算方面的区别。

(2)三种七型方法计算应交税金YT均为(PA+K+D)·TN。

(3)变率递延法最后一年所得税费用和递延税款贷项的倒轧计算原理是根据时间性差异的定义及特点而来的。前已述及,时间性差异的特点是∑D=0,根据这一特点可知,从差异形成到终止年度所得税影响金额合计数为零,由于前边各年所得税影响金额(递延税款贷项∑D·TN)已经算出,最后一年递延税款金额便可求出。最后,根据所得税费用(F)=应交税金(YT)-递延税款(YA),即可计算出最后一年的所得税费用。

(4)除变率递延法最后一年的所得税费用和递延税款需要倒轧计算,变率债务法变率当年比较特殊外,其他五型方法可以通过以下公式

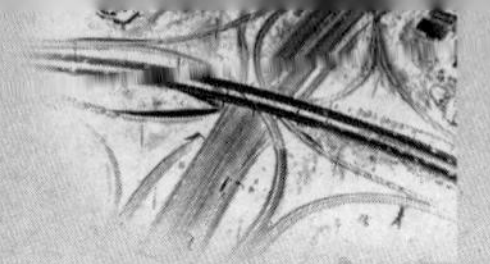

予以表示。

$$YT=(PA+K+D)\cdot TN$$

$$F=(PA+K+D)\cdot TN-D\cdot TN-D\cdot \Delta T$$

$$=(PA+K)\cdot TN-D\cdot \Delta T$$

$$YA=D\cdot TN+D\cdot \Delta T$$

当 $\Delta T=0$ 时,定率递延法、定率债务法、变率递延法(非最后一年)、变率债务法(非变率年)公式通用。

$$F=(PA+K+D)\cdot TN$$

$$YA=D\cdot TN$$

当 $D\cdot TN=0$ 时,即为应付税款法。

以上是笔者对所得税会计理论与方法的一点认识,希望专家赐教。

(本文发表在《陕西注册会计师》2004 年第 8 期)

# 财务状况变动表及其编制浅说

[摘　要]　本文论述了财务状况变动表编制的目的、原理、方法、技巧和应当注意的问题，并归纳了应注意的关键点为五个二，即二不加、二分列、二虚列、二不重、二省略，希望能够对大家实际工作有所帮助。

[关键词]　财务状况变动表　编制

今年是我国《企业会计准则》颁布实施的第一年。1993年年终，我国整个企业首次按照新会计准则的要求编制财务决算。对于广大财务人员来说，面临一个新的问题，这就是财务状况变动表的编制问题。

为什么要编制财务状况变动表?

财务状况变动表是反映一个企业在一定时期内资金的来源和用途，说明和分析企业财务状况增减变化的报表。它汇总了某一会计期间企业获得资金的来源和运用资金的去向，可以弥补资产负债表和损益表的某些不足，提供这两张报表没有提供或只是间接提供的信息。

众所周知，损益表只能提供本期的营业成果和与损益相关活动的信息，财务状况变动表除此之外，还能提供经营中获得营运资金的数额，同时还能反映不影响企业损益的各项理财活动。资产负债表仅能提供某一特定日期资产、负债和所有者权益变动结果的信息，而不表明这一变动是怎样引起的；财务状况变动表则反映了个别资产、负债、所有者权益项目的增减及其增减原因。

随着社会主义市场经济体制的建立，企业自主经营、自负盈亏、自我发展、自我约束的经营机制将逐步建立。同时，企业的经营风险也在加大。市场经济竞争激烈，优胜劣汰的规律表现得更淋漓尽致。企业的财务状况一旦恶化，新债既借不来，旧债又还不了，企业很快就会陷入困境，甚至破产。所以，了解企业财务状况变动及其原因，分析报告期内流动资产、流动负债的流入量是否正常、流出量是否合理，下一会计期间其来源及运用趋势如何？怎样科学地进行筹资和投资决策等对于市场经济条件下独立生存、自谋发展的各个企业来说，可以说是属于企业经营成败的重大事项。但以前的财务报告就不能直观地反映企业的资金变动情况，尤其是一些盈利企业常常是资金短缺、财务状况紧张，而在会计报表上却反映不出来。财务状况变动表能为企业财务收支提供综合信息，如企业收益增加了，为什么财务状况却不好，现金反而减少了？企业是如何为购置固定资产，进行长期投资而筹集资金的？筹集资金的方式有哪些？筹集的资金是如何使用的？企业又是如何偿还债务的等。以上信息对企业的投资者、债权人、管理部门等了解企业的经营方针、理财水平、资产流转情况，了解企业的重要财务决策，判断分析企业的偿债能力、获利能力和发展前景等非常重要，财务状况变动表在此发挥了其他报表无法替代的作用。可见，新形势下，编制财务状况变动表是非常重要和必要的。

## 一、财务状况变动表的编制原理

首先应该明确财务状况变动表中运用的资金概念。我国的财务状况变动表使用的是“全部资金”的概念，即以资金为计量基础，再增加其他所有不影响营业资金增减的重要财务活动，这样编制的财务状况变动表就可以全面反映财务状况的变动。

何谓营运资金呢？它是指流动资产减去流动负债后的净额，也就是长期负债和所有者权益构成的长期资金中用于流动资产的资金，它是企业可以自由运用、不受流动负债制约的流动资金。财务状况变动表中并未使用营运资金的概念而用流动资金的概念代之，这些流动资金并非是占用在流动资产上的资金，而是流动资金净额，即已经用流动负债抵销后的净流动资产所占用的资金。营运资金是一个非常重要的财务指标，它反映了企业短期的财务实力。

财务状况变动表的编制原理用公式表示是这样的，流动资金来源 - 流动资金运用 = 流动资产增加净额 - 流动负债增加净额。

很明显，公式的右方是关于资金结存量的计量，表明企业的理财结果；左方是关于资金流动量的计量，说明企业的理财过程。

这个公式的右方是用期末存量减去期初存量，即为本期净增的量；左方是用本期收减本期付，不考虑期初、期末结存量。

另外，表中的“流动资金增加净额”反映的是营运资金本年内的增加净额，而非某一日的结存量。它是年末结存量和年初结存量的变动差额，可能是正数，也可能是负数，但无论是正是负，左右两方的数字必须相等，这便是该表的难点所在。

财务状况变动表的结构和内容

| | |
|---|---|
| A = A1 + A2 | C |
| B = B1 + B2 | D |
| A - B = E | C - D = E |

财务状况变动表结构简图如上：A 表示流动资金来源，B 表示流动资金运用，C 表示流动资产本年增加数，D 表示流动负债本年增加数，E 表示流动资金增加净额。A1 表示本年利润来源，A2 表示其他来源；B1 表示利润分配利用，B2 表示其他运用。至于其他各项目的具体内容可按新制度规定的财务状况变动表表式所列项目顺序分别由 A11（固定资产折旧）、A21（固定资产清理收入）、B24（增加长期投资）表示等。

## 二、财务状况变动表的编制

各项目及其数据填列的基本分析方法——平衡分析法。

由于大家对资产负债表比较熟悉，所以就将资产负债表进行改制、重组、变成如下的平衡分析表，采用平衡分析表来分析各项目及其数据填列的方法就称为平衡分析法。

| | |
|---|---|
| Ⅰ | Ⅲ |
| Ⅱ | Ⅳ |
| Ⅰ + Ⅱ = Ⅴ | Ⅲ + Ⅳ = Ⅴ |

表中，Ⅰ相表示流动资产占用，Ⅱ相表示非流动资产占用，Ⅲ相表示流动负债来源，Ⅳ相表示非流动资产来源，Ⅴ则表示资产总额或负债及所有者权益总额。从以上数据中可知，营运资金 = Ⅰ相发生额 - Ⅲ相发生额，即Ⅳ相中用于Ⅰ相的部分。

根据平衡分析表可以看出：Ⅰ、Ⅱ、Ⅲ、Ⅳ各相转化；Ⅰ相与Ⅲ相间的相互转化及Ⅱ相与Ⅳ相间的相互转化，及相内部横向转化，不影响营运资金的增减变化，财务状况变动表中不予反映，重要事项可例外。

凡是涉及Ⅰ与Ⅱ、Ⅰ与Ⅳ；Ⅲ与Ⅱ、Ⅲ与Ⅳ间的转化，竖向或交叉向转化，会影响营运资金增减变动，财务状况变动表应予以反映。

## 三、编制的有关技巧及应注意的问题

财务状况变动表的编制是比较麻烦的，不过绝大部分比较简单，在

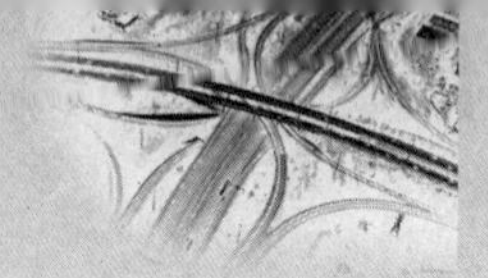



此省去不谈，这里仅就其中的关键点，易错、易漏、易重等项目说明其技巧及应注意的问题。

这些关键点可归纳为五个二，即二不加、二分列、二虚列、二不重、二省略。

1. 二不加

（1）A11 固定资产折旧中不能加投资转入、购入旧固定资产的折旧。

（2）A14 清理固定资产损失（减收益）不能加 A21 固定资产变成收入，应将变价收入单独反映。

原因是这样的：

A1 增加各项目都属于不减少流动资金的费用和损失，它们都是调整本年利润的流动资金来源。投资者投入或购入旧固定资产时登记的折旧自始至终未进入本年利润，而列入成本后冲减了本年利润的折旧费并未实际付出，即未减少流动资金，这些折旧费通过销售收入却增加了企业可自行支配的流动资金，故应算作流动资金来源数。而上述投资转入和旧固定资产购入的折旧则不属于此类，填表时不能加。

至于（2）中所说的固定资产清理损失本身就放在“营业外收入”或“营业外支出”科目中，当然会增减本期利润总额，但它同样并未实际付出或收入，只是为结平固定资产账户的差额而挂的账，所以应加（减）上。而固定资产变价收入则不同，它表示固定资产正处于清理过程之中，不像前者已清理完毕需销账。它的收入放在“固定资产清理”账户。未入利润，且变价收入属于实实在在的流动资金来源增加，故不应加在 A14 上而应加在 A21 中单独反映。

2. 二分列

（1）长期投资、长期负债的借、贷方发生额要在“其他来源”和“其他运用”中分别填列。

（2）一年到期的长期投资和长期负债与非一年内到期的长期投资，长期负债分开填列。

这样就可以同资产负债表中的填列口径保持一致，以免重复填列。

3. 二虚列

（1）对外投资转出固定资产、对外投资转出无形资产属于不影响流动资金变化的重要理财过程，按现行制度要求必须予以反映，以便增加有关企业财务状况变动的有用信息，使之能反映企业全部资金的变化

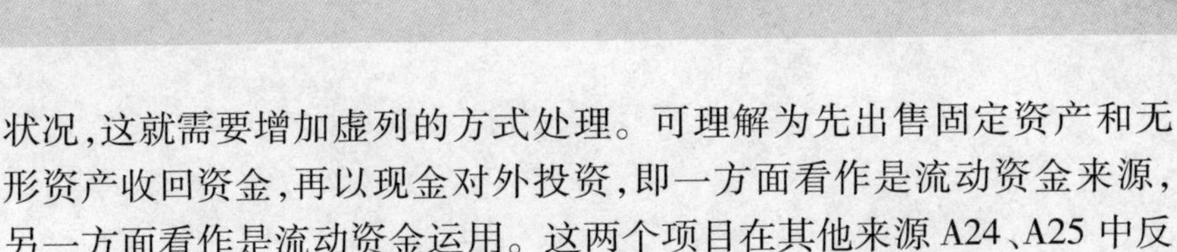

状况,这就需要增加虚列的方式处理。可理解为先出售固定资产和无形资产收回资金,再以现金对外投资,即一方面看作是流动资金来源,另一方面看作是流动资金运用。这两个项目在其他来源 A24、A25 中反映,对应的虚列方在其他运用 B24 中。

(2)提取盈余公积 B12 与(1)类似,其对应的虚列方在 A26“资本增加净额”中反映。

4. 二不重

(1)固定资产及在建工程增加净额 B21 中要剔除 A13 固定资产盈亏(减盘盈)数额,否则就会重复列示。

(2)剔除在建工程完工、增加固定资产造成的重复数字。

5. 二省略

B21 固定资产和在建工程净增加额。

B22 增加无形资产、递延资产、其他资产。

以上两项均省略了“……而增加运用的流动资金”,如果不把省略语带上分析,很可能是分析误入歧途,得到错误结果。但作为财务状况变动表,主要就是反映流动资金的增减变动及其原因的,为了简明起见,表中就省略了“而增加运用的流动资金”几个字。其他项目相对比较清楚,而这两项最易引起误解,所以在编表时必须予以注意。

最后需要说明的一点是,由于各单位的情况各异,可能有些单位在编制资产负债表时就增列了某些项目,那么,编制财务状况变动表时也必须进行相应的项目增列。增列时,必须遵循以下两条原则:

第一,增列项目必须顺从基本结构;

第二,增列项目不能打乱原有的行次序号。

以上是自己在学习财务状况变动表方面的一点体会和认识,希望与同行交流学习。

(本文发表在《陕西交通会计》1994 年第 1 期)

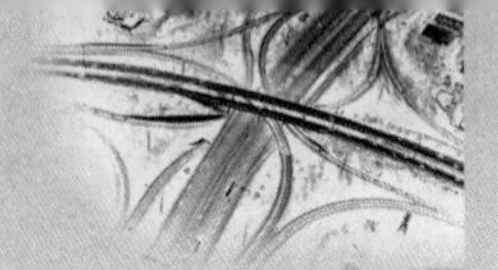



# 合并会计报表抵销分录的编制原理及方法

[摘　要]　本文通过对合并会计报表抵销分录编制目的、编制原理的分析,提出了铲除原因、抹平过程、剔除方法影响、消除结果的抵销分录编制思路。对编制抵销分录的方法及各步骤的计算过程及要点进行了论述,对提取盈余公积抵销、以前度未实现商品销售利润抵销提出了自己的观点和理解方法。

[关键词]　抵销分录　编制原理　方法　合并会计报表

合并会计报表是所有会计理论中综合性最强、应用知识点最多的内容。它不仅要运用长期投资的核算方法,还涉及存货、固定资产、应付债券、债券投资、应收账款及坏账准备、利润分配等一系列会计知识和方法。而编制合并会计报表之抵销分录是编制合并会计报表的关键和主要内容。本文针对编制合并报表抵销分录的原理与方法及一些难以理解或易产生误解的概念和做法,按照笔者自己的理解和思路进行了论述,以期对广大会计实务工作者及参加会计职称考试、注册会计师考试的同仁对此部分内容的学习有所帮助,本人则会十分欣慰。

## 一、为什么要编制合并会计报表

合并会计报表又叫合并财务报表。它是以母公司和子公司组成的企业集团为一会计主体,以母公司和子公司单独编制的个别会计报表为基础,由母公司编制的综合反映企业集团财务状况,经营成果及现金流量的会计报表。

编制合并会计报表首先是企业集团外部相关部门和个人了解控股公司整体经营情况,企业集团财务状况、经营成果、现金流量等会计信息的要求;其次,编制合并会计报表是政府管理部门为防止企业集团利用内部控股关系,人为粉饰会计报表现象的要求;第三,编制合并会计报表是企业集团内部为强化对被控股企业管理,综合反映企业集团财务状况、经营成果、现金流量的要求。

## 二、合并会计报表抵销分录的编制原理

编制合并会计报表的关键和重要内容就是编制抵销分录。由于合并会计报表是对母子公司按一家企业一个会计主体反映,其编制基础就是母公司和子公司的个别会计报表。

对于母公司和子公司个别会计主体而言,其投资、往来、出售商品、固定资产交易,产生投资收益,提取盈余公积等非常自然。但因其不可割裂的母子关系,不可抵御的关联交易使双方或一方从中受益,而这是对整个社会经济公平有序竞争秩序的破坏,反映在个别会计报表中的经过人为粉饰的会计信息会使有关各方作出错误的判断和决策。为了克服此种弊端,将其合并为一家对外提供信息便可消除其由于关联交易等方式造成的影响。合并的核心和关键就是抵销其重复的、不合理的数字,对会计而言就是编制合并会计报表的抵销分录。

因母子关系起因是母公司的投资,投资的目的是获取投资收益,另一结果就是增加留存收益(盈余公积)。

为使母公司投资收益增加,其采用的基本方法就是相互销售商品,另一基本方法就是固定资产交易,其实质均为销售商品,不过按交易物单价、耐用期、用途在会计上作了区别处理。

获取收益的基本过程(交易过程)一般都要经过往来结算方式过渡,然后再进行现金结算。

通过对母子公司经济业务的原因、过程、方法、结果分析,我们不难看出,编制合并会计报表的原理就是铲除原因、抹平过程、剔除方法影响、消除结果,即对合并双方从投资(原因)、往来(过程)、销售商品(方法一)、固定资产交易(方法二)、实现投资收益(结果一)、提取盈余公积(结果二)等六个方面业务进行抵销处理。

## 三、编制合并会计报表抵销分录的方法

(一)对投资(原因)、实现投资收益(结果一)、提取盈余公积(结果二)的抵销

1. 对投资(原因)的抵销

这是所有抵销分录中难度最大、最易出错的地方,下面分项目进行详细论述。

基本抵销分录如下：

借：股本（实收资本）　　贷：长期股权投资
　　资本公积　　　　　　　　少数股东权益
　　盈余公积　　　　　　　　合并价差
　　未分配利润
　　合并价差

①股本（实收资本）、资本公积。

这是最简单、最易取得的两个数字。但要注意子公司合并日与投资日这两个数字的变化。变化之一就是子公司资本公积转增资本，变化之二就是子公司接受捐赠、专项拨款转入、关联交易差价等引起资本公积变动。

②盈余公积、未分配利润。

盈余公积等于子公司累计实现净利乘以盈公积提取比例，即子公司盈公积账面余额（合并日）。

未利润分配也是子公司合并日未分配利润的账面余额，它等于子公司累计实现净利减去子公司累计利润分配后的余额，也等于年初未分配利润加上当年实现利润减去当年分配利润。用公式表示为：年末数 = 年初数 + 本年增加数 - 本年减少数。

③长期股权投资。

它是母公司合并日长期股权投资（仅对被合并子公司部分而言）的账面余额，可用如下公式表示其数额：

长期股权投资 = 初始投资成本 + 子公司实现净利累计应享额 + 子公司资本公积增加累计应享额 - 子公司分配净利累计应享额 - 母公司股权投资差额累计摊销额。

④少数股东权益。

它是母公司之外的少数股东对子公司净资产的要求权，其数额等于合并日子公司所有者权益合计数乘以少数股东持股比例。具体数字即为上述①、②确定的四个数之和乘以少数股东持股比例。

⑤合并价差。

它反映合并后子公司所有者权益与其所有者投资之间的不对等关系。其数额就等于上述①、②步数字之和减去③、④步数字之和。

若① + ② > ③ + ④，合并价差列记贷方；

若① + ② < ③ + ④，则合并价差列记借方。

2. 对实现投资收益(结果一)的抵销

基本分录如下:

借:投资收益　　　　　　贷:提取盈余公积
　　少数股东收益　　　　　　应付利润
　　年初未分配利润　　　　　未分配利润

与对投资(原因)的抵销对比,此步有如下特点:

①前者是对资产负债表项目的抵销,抵销的为累计账面余额,本步则是对利润表和利润分配表项目的抵销,抵销的是当年发生额。

②由于资产负债表和利润及利润分配表的唯一勾稽点就是未分配利润,故二者未分配利润抵销数完全一致。

③前者借方前四项及贷方的少数股东权益均为子公司合并日账面数或据其计算的少数股东应享权益,而长期股权投资是据母公司合并日账面数直接得出(当然也可通过子公司接受投资、实现利润、分配利润、增加资本公积、推算母公司股权投资差额及其摊销等过程间接得出,这样相当麻烦)。

后者贷方三项及借方后两项均为子公司合并期内发生额或据当年实现净利计算出少数股东收益,借方投资收益则为母公司合并期发生额(同样可以据子公司当年实现净利计算得出)。

④两者数字关系。

A. 未分配利润数额相等;

B. 盈余公积 = 年初盈余公积 + (当年)提取盈余公积

C. 未分配利润 = 年初未分配利润 + 当年实现利润 - 当年分配利润;

D. 投资收益 + 少数股东收益 = 当年实现利润。

3. 对提取盈余公积(结果二)的抵销

这是对利润及利润分配表项目抵销的延续。

当年实现利润提取的盈余公积抵销其发生额,同利润及利润分配表项目抵销方法;以前年度实现利润提取的盈余公积抵销其累计账面余额,同资产负债表项目抵销方法。

为什么要对提取的盈余公积进行抵销处理?这一问题教材说明不够清楚,笔者在此简要阐明自己的观点。

前面已说过,编制合并会计报表的目的是剔除个别会计报表中重复的不合理的数字,而提取盈余公积对每个个别会计主体而言都是符合《公司法》、《会计法》等相关法律法规规定的,不属于重复的、不合理

的数字,即不属于剔除、抵销的范围。而在对投资的抵销过程中,已经对子公司的全部账面盈余公积进行过抵销处理,在此应对已抵销的盈余公积予以恢复。财政部编著的注册会计师考试辅导材料中用“对内部提取盈余公积的抵销处理”叫法不确切,不恰当,应改为“对已抵销的内部提取盈余公积的恢复处理”较好。

至于辅导材料中提出的对提取盈余公积的理解方法“将子公司当期提取的盈余公积视为母公司提取盈余公积看待”、“是站在企业集团的角度比照子公司当期利润分配中提取的盈余公积重新计算盈余公积”(参见财政部注册会计师考试委员会办公室编 2002 年度注册会计师全国统一考试指定辅导教材——会计第 693 页第二段及第 744 页第二段),笔者认为这样解释太抽象,甚至有点牵强。

笔者认为,恢复已抵销的盈余公积只要按母公司持股比例恢复即可,没有必要作全额恢复。因合并会计报表仅仅是母子公司合并,与其他单位和个人无关。至于少数股东权益、少数股东收益、少数股东应享有的盈余公积完全是为了合并会计报表抵销分录的平衡、完整需要,无其他实际意义。少数股东应享有的盈余公积对恢复母公司原有盈余公积的会计分录无平衡关系影响,恢复后反而使合并报表、企业集团整体会计信息更为混乱,故只恢复母公司应享有的子公司盈余公积部分。

(二)对往来(过程)、销售商品(方法一)、固定资产交易(方法二)的抵销处理

由于这几部分内容及计算较为简单,加之本文篇幅所限,在此只对其易错,易漏点及较难理解部分予以简述。

1. 内部往来抵销要点

①抵销应收账款时,不要忘记对其已提取坏账准备的抵销处理。

②抵销应付债券时,若其数额不等于长期债权投资数,其差额列合并价差处理。

③抵销当年提取的坏账准备列管理费用,抵销以前年度提取的坏账准备列年初未分配利润。

2. 内部商品销售的抵销要点

①对当期商品销售的抵销:收入、成本对冲,差额列入存货,相当于没有销售,将已形成的内部销售利润(包含在购货方的存货价值中)通过减少存货价值予以抵销。

②对以前年度商品销售的抵销:因各年的收入、成本当年已结转

完,以前年度商品销售抵销仅能对其未实现内部销售利润进行抵销。以前年度形成的内部销售利润包含在期初存货价值中,应作:借:年初未分配利润,贷:存货,但存货在当年即会转为主营业务成本,应作:借;主营业务成本,贷:存货,这样就会对以前年度内部销售利润(包含在存货价值中)作重复抵销。为了防止重复,对期初内部销售利润的抵销处理方法比照本期抵销方法,即收入,成本对冲,差额列入存货方法,而以前年度的收入在本期必须列入年初未分配利润,差额数列存货已在本期一次列记完毕,年初内部销售利润只能追列存货的下一"工序"——主营业务成本中。一方面表示存货已被处理,不能重复处理,另一方面表示将上期已抵销的未实现内部销售利润对本期期初未分配利润的影响予以抵销,调整本期期初未分配利润数额。

3. 内部固定资产交易的抵销要点

这可以比照一般商品销售的抵销方法,即将增值部分(相当于一般商品销售未实现内部销售利润)予以抵销。由于固定资产自身的特点,内部固定资产交易还应特别关注以下几点。

①关于固定资产折旧的抵销。

因内部固定资产交易而使固定资产原价发生变化,从而引起固定资产折旧的变化,应抵销的折旧仅为固定资产增值部分提取的折旧额,未增值部分的折旧是正当合理的,不属于重复、不合理数字,不应列入抵销范围。

②关于固定资产增值部分及其折旧在未处置前每年都要抵销的理解与说明。

这一问题实质上和其他内部交易事项一样,只要内部交易被记入资产负债表项目,每年都要进行抵销处理。只不过其他项目数据每年都有较大变化,抵销处理显得很自然,而固定资产增值及折旧往往变化很小甚至每年不变,故表现得更为突出和特别。因母公司每年都要编制合并会计报表(假定子公司一直属于合并范围),而母公司个别资产负债表的上述项目处理前每年都在个别资产负债表中反映,所以每年都对上述项目进行抵销处理。

③固定资产处置当年的抵销分录。

由于处置固定资产之后,固定资产原值、累计折旧已不复存在,通过固定资产清理,最后转入营业外收入中,故在处置当年的抵销分录用营业外收入代替固定资产原价,累计折旧。

# 从现金流量表分析企业的收益质量

[摘 要] 本文通过现金流量表下收益质量分析指标的介绍和分析，阐明了经营活动收益的重要性，经营应得现金的内涵及二者计算方法之间的关系，对分析收益质量作了简要论述。

[关键词] 现金流量表 收益质量 分析

## 一、问题的提出

提起质量，这是人人熟悉并且十分关注的话题。什么产品质量、服务质量、教育质量等都能列出一箩筐，那么，收益质量你听说过没有？它是什么含义？讲它有什么用呢？

先给大家讲个实例。世界著名能源企业美国安然公司从1997年开始净利润逐年大幅度上升，而经营利润逐年下降，非经营利润的比重逐年加大，这是净收益质量越来越差的明显标志。虽然安然公司在2001年12月申请破产前，报告的利润一直不断上升，但是其内部人士在一年前就开始陆续抛售股票，并且没有任何内部人士购进安然股票的记录。在2001年5月6日，波士顿一家证券分析公司曾建议投资者卖掉安然公司股票，其主要理由之一就是其越来越低的营业利润率，该公司1996年的营业利润率是21.15%，到2000年已跌至6.22%，2001年第一季度只有1.59%。该公司的收益越来越依靠证券交易和资产处置。

为什么非经营收益越多，收益质量越差？

与经营收益相比，非经营收益的可持续性低。非经营收益的来源主要是证券交易和资产处置。通过短期证券交易获利是靠运气。由于资本市场的有效性比商品市场高得多，通常只能取得与其风险相同的收益率，取得正的净现值只是偶然的，不能依靠短期证券交易增加股东财富。一般企业进行的短期证券买卖只是现金管理的一部分，目的是减少持有现金的损失。企业长期对外投资的目的是控制子公司，通过控制权获得额外的好处，而不是直接获利。因此，非经营收益虽然也是收益，但不能代表企业的收益能力。

到底什么是收益质量呢？

收益质量是指报告收益与公司业绩之间的相关性。如果收益能真实反映公司的业绩,则认为收益质量好;如果收益不能很好地反映公司业绩,则认为收益质量不好。

收益质量的衡量可以分别从资产负债表、利润表、现金流量表三个角度去分析。从现金流量表角度看,收益质量主要体现于净收益营运指数和现金营运指数两个指标。

## 二、现金流量表内部关系分析

大家知道,现金流量表有两种编制方法,直接法编制的叫正表,间接法编制的叫补充资料。对收益质量的分析因其着重考察报告收益与公司业绩之间的相关性,换句话说就是主要考察净利润的构成及其与经营活动现金净流量的关系,使用间接法编制的现金流量表补充资料更为直观和方便。表 1 以某公司现金流量表补充资料为例予以说明。

**某公司现金流量表补充资料**(单位:万元)　　表 1

| 将净利润调整为经营现金流量 | 金　额 | 说　明 |
|---|---|---|
| 净利 R | 2 379 | |
| 加:计提的坏账准备或转销的坏账 $Zt_1$ | 9 | 没有支付现金的费用,共 2 609 万元。计提这类费用,增加收益却不增加现金流入,会使收益质量下降 |
| 提取折旧 $Zt_2$ | 1 000 | |
| 无形资产摊销 $Zt_3$ | 600 | |
| 待摊费用减少(减增加) $Zt_4$ | 1 000 | |
| 处置固定资产收益 $Ct_1$ | －500 | 非经营净收益 403 万元,不代表正常的收益能力 |
| 固定资产报废损失 $Ct_2$ | 197 | |
| 财务费用 $Ct_3$ | 215 | |
| 投资收益 $Ct_4$ | 315 | |
| 存贷减少 $W_1$ | 53 | 经营资产净增加 437 万元,收益不变而现金减少收益质量下降(收入未收到现金)应查明应收项目增加的原因 |
| 经营性应收项目减少(减增加) $W_2$ | －490 | |
| 经营性应付项目增加(减减少) $W_3$ | －527 | 无息负债净减少 337 万元,收益不变而现金减少,收益质量下降,应查明原因 |
| 增值税净增加额 $W_4$ | 190 | |
| 经营活动现金净流量 NCF | 3 811 | |

根据上表可知,现金流量表补充资料主要是通过净利润(R)这一企业经营的最终成果推算出经营活动的现金净流量(NCF),并与直接法计算的经营活动现金净流量相互印证。用公式表示则有:

$$NCF = R + Z_t + C_t + W$$

其中:$Z_t$ 表示已计入净利润 R 中的非付现费用,主要是折旧和摊销;$C_t$ 表示已计入净利润 R 中的非经营收益(损失),主要是筹资和投资活动损失;W 表示不属于净利润 R,但属于经营活动现金流量 NCF 内容的运资金净增加额。它是权责制下计算的净利润 R 向收付制下计算经营活动现金净流量 NCF 转化的标志,属于非本期现金。由于非付现费用 $Z_t$ 的存在,使得净利润 R 比经营活动现金净流量 NCF 要小,故须加之;由于间接法计算经营活动的现金净流量,非经营活动的现金净流出量(筹资活动和投资活动的现金净流出)必须加到经营活动现金净流量 NCF 之中,由于净利润 R 是按权责制计算的,只考虑本期现金流量,未考虑非本期现金流量,而经营活动现金净流量 NCF 要按收付制计算,除了计算本期现金流量,还要计算非本期现金流量 W,故须加之。

存货减少,表示本期使用了前期存货,节约了本期的现金,本期现金余额增加;经营性应收项目减少,表示本期收回了前期应收款,本期现金余额增加;经营性应付项目增加,表示本期应付现金实际未付,本期现金余额增加。

### 三、现金流量表下收益质量指标分析

1. 净收益营运指数

它是经营净收益与全部净收益的比值。

$$净收益营运指数 = \frac{经营净收益}{净收益} = \frac{净收益 - 非经营收益}{净收益} = \frac{R - C_t}{R}$$

2. 现金营运指数

它是经营现金净流量与经营应得现金的比率。经营应得现金是经营活动净收益与非付现费用 $Z_t$ 之和。

$$现金营运指数 = \frac{经营现金净流量}{经营应得现金} = \frac{经营现金净流量}{经营活动净收益 + 非付现费用}$$

$$净收益营运指数 = \frac{R - C_1}{R} = \frac{2\ 379 - 403}{2\ 379} = 0.830\ 6$$

$$现金营运指数 = \frac{NCF}{R - C_t + Z_t} = \frac{3\ 811}{2\ 379 - 403 + 2\ 609} = \frac{3\ 811}{4\ 585} = 0.831\ 2$$

依表 1 某公司数据为例，计算如下，分析见表中说明。

现金营运指数小于 1，说明收益质量不够好。某公司每一元的经营活动现金收益，只收回 0.83 元，另外的 0.17 元到哪里去了？应收账款增加了，应付账款减少了，原来它被占用在营运资金中了，结果使实际得到的经营现金减少了，这对企业来说不是一个好征兆。已实现的收益没有变成现金，仅停留在实物或债权形态，其风险自然比现金要大，未收现金的收益质量当然不如已收现的收益质量高。另外，营运指数小于 1，说明营运资金 W 增加了，反映企业为均同样的收益占用了更多的营运资金，即取得收益的代价增加了，同样的收益代表着较差的业绩。

无论是净收益营运指数还是现金营运指数分析，通常都需要使用若干年的数据，仅仅靠一年的数据未必能说明问题。

（本文发表在《陕西审计》2003 年第 1 期）

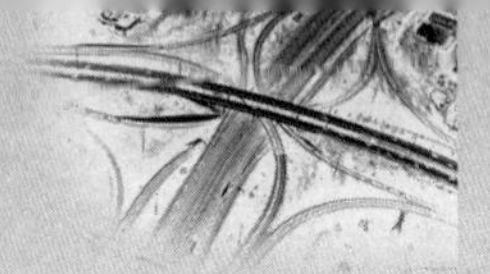





# 公路交通企事业单位应收账款的成因及对策

[摘　要]　本文通过对公路交通企事业单位从事公路建设过程中应收账款形成原因的分析，提出了政策性、制度性、实施性三类共八种主要原因，根据公路建设行业和单位特点提出了坏账损失的概率估计，最后根据三类成因提出了相关的对策。

[关键词]　应收账款　成因　对策　公路交通单位

## 一、引言

随着国家西部大开发战略的实施，公路交通行业得到了前所未有的发展。全国各地都沿着国道主干线、省道、县县道、村村通的次序层层推进或齐头并进，与此相关的就是每年均需要3 000亿元左右的资金投入。这么大的资金需求靠我国目前的财力远远不能满足。靠未来的财力，靠外国的财力，靠社会的财力将是其必然选择。未来的、国外的、社会的财力都有不确定性的特点，具体到从事公路建设的企事业单位来说，建设资金来源的不确定性就是应收账款和坏账损失的确定性。

## 二、公路交通企事业单位应收账款的成因

1. 大规模建设是应收账款增加的根本原因，也是政策性原因之一

由于国家宏观经济政策——西部大开发、拉动内需的需要，公路建设在西部大开发和拉动内需方面起着至关重要的作用，大规模的公路建设成为实现宏观经济政策的必然选择和有效手段。在此前提下，边计划、边建设、边筹集资金在许多地方作为加快公路建设步伐的方法得以实施和推广，结果有些项目在计划还没有批准下来工程已经完工，这是典型的“垫款修路”。因其无计划，属于“黑人黑户”，无法“收费还垫”。所有从事此项目的单位均属于“垫款者”，其应收账款增加顺理成章。

由于建设规模的扩大，许多项目都是齐头并进，有的是前一项目没有完工，后一项目已经开工，大部队人马注意力均转向新项目，留守在

旧项目的人员队伍不整，且真正管事的人可能已走，结果旧项目的账项很难清理。

从参与相关项目的建设单位来讲，许多经办人员认为反正是我已经干完了活，钱迟早得给，“馍不吃在笼子里放着”，产生了麻痹思想。另外由于新项目的上马，市场竞争非常激烈，为了在新项目中争得一席之地，其精力和心思也随之转移，对旧项目关心减少，结果使应收账款的存在难以很快消除。

2. 建设资金的多渠道来源是应收账款增加的政策性原因之二

由于建设规模的扩大，建设资金的需求大幅度增加，在目前财力无法满足的情况下，多渠道筹资成为必然。世行贷款、亚行贷款、外国政府贷款、国内银行贷款、中央政府拨款、地方政府拨款、国债资金、法人和社会集资等多渠道筹集公路建设资金越来越普遍。资金来源的多渠道就是资金到位的多时点，这些在计划和建设过程中是无法预料和控制的，很难与计划的工程进度和资金需求相匹配，而会计上的应收账款一般都是按工程进度进行计量和确认的，这就形成了参与建设单位的应收账款。

3. 建设周期的不确定性是应收账款增加的政策性原因之三

我国公路建设由于受到天气、资金、技术、设计变更等因素的影响，实际的建设周期大部分与计划周期不一致，实际的建设资金投入与设计概算有出入已是家常便饭，这是应收账款增加的政策性原因之三。

4. 建设工程的招投标制是应收账增加的制度性原因之一

在我国不断深化廉政建设，加大反腐败力度的今天，有形建筑市场的设立，工程招投标制的推行已受到社会各界的赞誉。与此同时，工程招投标制使参与工程建设的单位和个人在资格预审、办理投标保函、履约保函等手续上越来越频繁地使用“应收账款”方式满足投标保函、履约保函在资金及结算上的需求。

5. 建设工程的质量保证制度是应收账款增加的制度性原因之二

鉴于我国建设工程质量事故的频频发生，国家对建设工程质量保证越来越重视。工程缺陷责任期的实施，质量保证金的预留成为建设项目的基本制度。而这部分时间少则一年，多则数年，金额约为建设资金5% ~10%的款项，成为参与建设单位或个人无法抵御的应收账款。

6. 建设工地的点多面广是应收账款增加的实施性原因之一

由于建设规模的扩大，建设工地点多面广成为必然结果。建设工

地点多面广就是资金结算的点多面广。由于交通不便,工程管理人员、财务管理人员流动分散,就是正常的结算手续仍需要跑多次才能办理完毕,资金的结算有效性较低,出于成本效益方面的考虑,债权单位结算积极性受影响,使应收账款增加。

7. 相关参与建设单位的流动性大是应收账款增加的实施性原因之二

由于前述建设规模这一根本政策性原因,加上工程招投标制这一制度性原因的存在,参与建设单位流动性很大是当前公路建设的突出性特点。行业外单位、地区外单位参与公路建设已司空见惯。这些外行业、外地区建设单位在建设工程收尾阶段,大部队人马已经转移,去向很难把握。建设资金的不到位使转移前形成的债权很难清理,转移后去向不明使债权清理难上加难。

建设项目的短期性(三年左右)、偏远性决定了参与建设单位机构的临时性,建设过程中的分包、转包、项目经理部制加大了这种临时性和流动性,结果使应收账款的结算、清理如同老虎吃天。

8. 建设人员缺乏应有的财经知识和意识是应收账款增加的实施性原因之三

由于参与建设单位机构的临时性、流动性,参与建设人员的临时性、流动性无法克服。这些临时机构中的临时人员由于没有受到应有的教育和培训,突然被提拔重用之后对工程建设中相关的财经知识、财经法规、财务会计操作难以适应,本应正常结算,按期合理支付的款项因把握不准而列入往来结算项目,在结算阶段,因对业务不熟,结果使账目混乱,长期得不到清理。

## 三、坏账损失的概率分析

在此首先提出见票付款和见款开票问题。

这个问题如同先有鸡还是先有蛋一样,目前还是个尚无定论的话题。

关于票款关系问题,在实际执行中往往有两种完全不同的做法。大部分商业企业均是见款开票,其他行业也沿用这种做法,未收款不开票。这种情况下,不会产生应收账款。另一部分企业则是见票付款,大部分建筑施工企业均采用这种做法。

由于公路交通企业、铁路企业、市政企业、水电企业等均具有建筑施工企业的特点，它们大多采用见票付款方式。这种结算方式的特点就是会产生大量的应收账款、应付账款等往来资金，随之而来的就是大量的坏账损失。

已列作应收账款，但无法收回叫坏账损失。

根据笔者多年的从业经验，公路建设项目在建设期内坏账损失的概率为10%，在竣工决算前坏账损失的概率为30%，在竣工决算后坏账损失的概率为80%。

建设期内坏账损失的原因主要是无计划、计划未获批准，批准的计划比实际的建设支出小，无资金保证的地方（主要是地、县）项目、法人投资项目、社会集资项目等。

竣工决算前坏账损失的原因除上述外还有债务单位的临时性、流动性、缺陷责任制扣付的质量保证金等。

竣工决算后坏账损失的原因是上述两阶段原因的真正显现，特别是债务单位的临时性、流动性、质量保证制加上债权单位的成本效益考虑，使坏账损失的概率大幅度上升。

**四、对策**

前述八条原因中，三条属于政策性原因，这是基层公路交通企事业单位无力改变的，二条属于制度性原因，债权单位仅能在清理方面作些文章，形成方面亦无能为力。在清理方面，招投标制形成的债权由于有第三方单位（一般是银行）作保证，加之数额小，期限短，清理一般不存在问题。在质量保证制下，缺陷责任期的工程款、质保金因主要与业主（狭义的建设单位）结算，业主办公地点一般较为固定，应加强联系，及时催收。最后三条属于实施性原因，在这里作以重点探讨以供参考。

对策一：根据坏账损失的概率估计分析，应尽早结算，争取在竣工决算前结清应收账款。

对策二：根据成本效益原则，对竣工决算后的外行业、外地区，单位采取适当的优惠或奖励机制。

对策三：加强对本单位经办人员的教育和培训，让经办人员充分认识到有关财务票据的重要性，结算中应注意事项，应收账款及坏账损失方面的财务会计制度。

（本文发表在《陕西交通会计》1998年第3期）

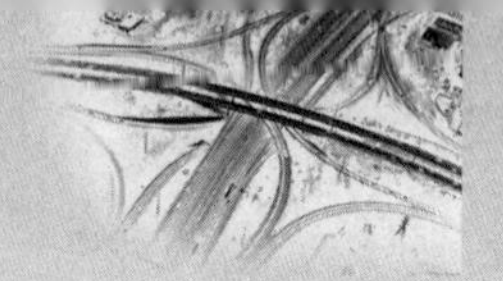




# 公路经营企业经营政府还贷收费公路财务管理和会计核算的困惑与对策思考

[摘　要]　本文通过对我国收费公路产生的背景、政府还贷收费公路的特点、政府还贷收费公路经营管理单位的特点、财务管理与会计核算面临的困惑分析,提出了解决公路经营企业经营政府还贷公路财务管理与会计核算的原则和具体对策建议。

[关键词]　政府还贷公路　财务会计　困惑　对策

## 一、我国收费公路产生的背景

公路(包含农村公路、干线公路、城市道路、高速公路)作为公共产品理应由政府无偿提供,城市道路(又叫市政道路)作为广义公路的一种形式,已完全实现了向社会公众无偿提供、免费使用。农村公路、干线公路、高速公路由于规模庞大、投资巨大、维护费用巨大,国家财政,省、市、县财政根本无力承担数以十万亿、百万亿计的遍布乡村之间、城际之间、省际之间总量超过5 000万公里的公路投资。国家高速公路网规划的80 000公里国家高速公路需投资约40 000亿元,5 000万公里的公路养护支出每年约需10 000亿元。新中国成立后到20世纪90年代,政府对公路投资不足,历史欠账太多,造成公路交通成了国民经济发展的瓶颈。

为了改变公路交通的落后面貌,政府出台了“贷款修路、收费还贷”政策,以银行贷款作为公路建设、运营的主要资金来源,以收取车辆通行费方式偿还银行贷款本息,各地利用该政策对影响经济发展的干线公路进行升级改造,新建高速公路以缓解交通瓶颈制约,促进地区经济发展,收费公路应运而生。

收费公路分为两种类型,由国内外经济组织投资公路建设,受让公路收费权,通过收取通行费方式获取投资回报的为收费经营公路。各类经济组织经营收费公路交纳的受让金主要作为地方政府资本金投入到其他公路建设项目,筹措地方政府资本金是各地转让公路收费权的根本目的。对于地理位置差,地区经济条件差,车流量小,难以收取投资回报，各类经济组织不愿投资，但不建设又影响路网形成和地区发展的公路项目，由各级政府投入一定数量的资本金，另一部分建设资金通过银行贷款筹措，以收取通行费方式偿还贷款本息建设的收费公路就是政府还贷收费公路。

## 二、政府还贷收费公路及其管理单位的特点

(一)政府指令性

1. 建设项目的政府指令性

政府还贷收费公路均由中央、省级人民政府批准建设，项目建设规模、线路走向、投资概算、设计方案、建设工期，项目开工、通车日期均依据政府下达指令。

2. 运营公路的公益性及社会责任性

公路是社会公共产品，具有基础性、先导性、公益性特点，因其基础性、公益性、特许经营性，企业必须无条件承担相关社会责任。

3. 其他

社会关注高、政治影响大、收费服务公开透明。

(二)运营公路的特许经营性

1. 运营公路的特许经营性

政府还贷收费公路须由省级人民政府批准收费，收费机构设置、收费人员编制、收费车辆分类、收费标准、收费范围由政府规定，企业只能按规定执行，收支无自主权，不同于其他工商企业。

2. 非营利性

《收费公路管理条例》第十一条规定，建设和管理政府还贷公路，应当按照政事分开原则，依法设立专门的不以营利为目的的法人组织。

3. 法定期限性

省级人民政府在批准收费公路开始收费之日已明确了收费期限。

4. 资产债务转移性

收费期满，政府还贷收费公路资产、债务移交政府。

5. 公路经营单位的代位性

公路经营企业代政府管理收费还贷公路，是管家不是股东。

6. 投资收回的长期性及不确定性

因公路规划主要为国民经济和区域经济发展服务，大多投资巨大，且投资与投资收回成反比，受地区经济发展水平、消费水平、物价水平、

车流量大小及其波动影响，且受与收费公路平行的非收费公路影响较大，投资收回期限较长且具有不确定性。

（三）政府还贷公路管理单位企业与事业的双重特性

1. 财政收支行为

由于其特许经营性和代位性，企业主营业务收入——通行费为财政预算外资金，实行收入全额上解财政，支出以预算方式由财政批复，按月拨付企业。

2. 投资建设不以经济收益为主

投资建设不以经济收益为主而以社会发展为主，经济效益为辅，社会效益为主，这是由其基础性、公益性、先导性、特许经营性、代位性决定的。

3. 非营利性与国有资产保值增值的矛盾性

政府还贷公路具有非营利性，因管理者属于国有独资企业，要满足国有资产保值增值要求。

4. 事业财务与企业会计的兼容并存性

财务管理实行财政预算方式的事业管理，以满足财政预算管理要求。会计核算按照《公路经营企业会计制度》实行企业会计核算，满足企业筹融资需求。

（四）政府还贷收费公路投资的特点

政府还贷收费公路投资构成主要包括两大部分，即资本金和银行贷款。

资本金又分为国家资本金和地方资本金，国高网内项目有部分国家资本金、部分地方资本金，非国高网项目全部为地方资本金。除资本金外的所有建设资金均来自于银行贷款。部分地方政府以国债、地方政府债券充抵地方资本金，实际上仍需还本付息，属于既非银行贷款又非资本金的其他借款。

银行借款又分为长期借款和流动资金贷款。流动资金贷款主要是因地方资本金未到位、设计变更引起的投资增加、征迁标准提高引起的投资增加、项目贷款额度变大、期限变长、利率提高等原因引起的项目超概算部分，没有专门资金集源而由流贷垫付。政府还贷收费公路投资大、资本金比例低、贷款负担重、效益差。

（五）政府还贷收费公路收入与支出特点

政府还贷收费公路通车经营前无收入情况下，开办费前期运营经费支出较大,少则几百万元,多则数千万元。通车运营后5～8年内收入不足以支付日常运营经费,所缺资金仍需通过银行贷款解决,5～8年后收入基本可以维持日常运营所需,但仍不足以偿还以前年度欠账、偿还贷款本金、支付公路大中修等资本性支出,部分公路项目在收费期限内也无法实现还清贷款本息要求。

## 三、管理政府还贷收费公路的公路经营企业执行财务会计制度面临的困惑

因政府还贷收费公路建设融资需要,管理政府还贷收费公路必须是企业,且必须是能够满足银行贷款要求、经济效益、资产状况良好的企业,否则无法取得银行贷款,没有银行贷款公路的建设任务肯定无法完成,运营将难以为继。政府还贷收费公路通行费属于财政预算外资金,实行财政收支两条线管理。收入全额上缴财政专户,支出则以财政预算形式下达,每月拨付公路经营企业,且实行"以收定支、收支平衡"的预算管理模式。当企业支出大于财政预算批复时,不足资金由企业贷款解决,形成"小预算大支出"的财务管理格局,预算批复之外的支出则由企业自行筹措、自行消化。由于企业长期入不敷出,"收支平衡"预算管理模式实际上达不到管理企业支出的目的;由于不足资金必经通过银行贷款解决,企业向银行提供资产状况良好、经济效益稳定的会计报表成为贷款必须的条件,这种违背企业实际财务状况和经营成果的资料也使企业承担着巨大的政策风险,但不这么做又面临着严峻的经营风险。各地政府还贷公路管理单位采取各种方式游走于政策风险与经营风险之间。

根据上述对公路经营企业管理政府还贷收费公路相关分析,目前我国的事业会计制度、企业会计制度、公路经营企业会计制度、高速公路公司财务管理办法等财务、会计方面的制度、办法均不适用于政府还贷公路经营企业,主要表现在以下几个方面。

(1)按《公路经营企业会计制度》等企业会计制度执行,企业资产状况不良、巨额亏损,无法取得银行贷款,违背企业代政府融资而设立的初衷。政府还贷公路建设、运营管理工作将无法持续,政府的负担骤增。

(2)按《事业会计制度》执行,不符合企业的法律形式,不能满足国有资产保值增值的管理要求,无法向贷款银行提供符合放贷条件的资

料，无法取得银行贷款，建设、运营任务无法完成。

(3)权责发生制基础的不适用性：企业要执行权责发生制，通行费实行预算管理，实行收付实现制。

(4)折旧政策的不适用性：企业必须执行《公路经营企业会计制度》，对所有固定资产计提折旧，因前期收入低，不能满足日常运营支出需求，不能覆盖贷款利息，需要用银行贷款弥补，若计提折旧，势必产生巨亏。

(5)摊销政策的不适用性：同折旧。

(6)贷款利息处理政策的不适用性：不同于企业政策、不同于事业政策。

(7)建设项目超概形成资产会计核算的无所适从性：竣工决算批复将超概部分予以剔除，使完整的公路资产进行了割裂，会计核算从建设转入运营后，没有可遵循的会计制度核算超概资产。

(8)特定业务核算管理的无所适从性：①路政收支业务；②广告业务；③服务区收支业务；④治超业务；⑤公路大中修业务；⑥开办费业务；⑦资产盘盈亏业务等。

(9)固定资产标准界定的无所适从性：有事业标准、有企业标准、公路大中修、收费设施更新，是否记入固定资产无制度依据。

(10)收费期满、资产、债务转移政策的无所适从性：无财务会计制度。

## 四、解决公路经营企业管理政府还贷公路在财务会计方面困惑的对策建议

(一)对策设计的原则和拟达到的效果

(1)遵循《会计法》、《企业会计准则》、《收费公路管理条例》等法规制度。

(2)符合通行费资金为财政预算外资金，纳入财政预算管理要求，遵循《事业会计准则》、财政预算管理要求。

(3)适合政府还贷收费公路企业实际及政府还贷收费公路的业务特点。

(4)能满足企业对外融资、银行贷款资信评定要求。

(二)具体对策和建议

1. 对改善企业财务状况的建议

(1)依据《国务院关于固定资产投资项目试行资本金制度的通知》

(国发〔1996〕35 号)，对政府应投入而未列位的项目资本金予以挂账，改善企业财务状况，满足银行贷款要求。

(2)对收益较好的已通车运营路段进行资产评估，评估增值部分增加企业资本公积，改善企业财务状况，满足银行贷款要求。

(3)对资产评估增值部分路产进行收费权重估，增量资金作为后续新建项目资本金，解决地方资本金不能到位、新项目贷款达不到银行放贷要求问题。

2. 对改善企业经营成果的建议

(1)依据《收费公路条例》第十一条，对政府还贷公路不计盈亏、企业的利润通过企业管理的其他经营业务实现、满足银行贷款要求。

(2)对资本金未到位由贷款垫付产生的利息进行挂账处理，由以后年度的通行费消化，解决经营状况不佳问题。

(3)依据通行费实行财政预算管理，以收定支、收支平衡原则，对超出当年财政预算批复的贷款利息支出进行挂账处理，由以后年度通行费收入消化，解决企业经营状况不佳问题。

(4)依据《收费公路条例》，对政府还贷收费公路资产不计提折旧，解决企业经营状况不佳问题。

(5)依据《条例》，对公路大中修、开办费、治超站点建设支出推迟摊销，解决企业经营状况不佳问题，待通行费收入达到一定规模后再进行摊销。

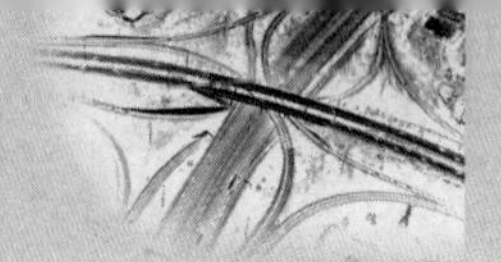



# 政府还贷收费公路财务管理与会计核算模式探讨

[摘　要]　本文通过对政府还贷收费公路的属性及现行管理模式利弊分析、财务管理与会计核算现状及利弊分析，提出了对事业化管理的政府还贷收费公路公司财务管理模式设想、会计核算的建议和设想。

[关键词]　政府还贷收费公路　财务管理　会计核算　模式探讨

## 一、政府还贷收费公路管理单位的属性及现行管理利弊分析

大家知道，公路的建设规划、立项、投资计划须经政府投资主管部门批准，交通主管部门与投资主管部门下达，由公路建设单位实施。公路收费须经省级人民政府批准，其收费标准、车型分类、收费人员编制、收费期限、收费方式等均以政府文件形式下发，由公路收费管理单位执行。

组建公司制政府还贷收费公路管理单位，一方面由于国家对机关和事业单位编制控制非常严格，数千人的事业单位政府很难批准设立，只能以企业形式设立；另一方面，公路建设特别是高速公路建设资金需求巨大，在国家规定项目资本金达到35%以上，另外65%以下的建设资金需要通过银行贷款解决。从银行贷款方面考虑，设立一路一公司等企业形式，贷款比事业单位要容易、方便，可以使政府贷款压力减轻，负担减少；第三，设立公司制收费管理单位在管理上较灵活，作为公司，管理政府还贷收费公路业务不涉税，可以实行企业工资制度，其人员编制限制没有事业单位严格等。

但实行公司制管理仍有不少致命缺点。

第一，公司制机构管理政府还贷收费公路，不符合《收费公路管理条例》。《条例》第十一条规定：建设和管理政府还贷公路，应当按照政事分开的原则，依法设立专门的不以盈利为目的的法人组织。而公司、企业为营利组织，不是条例规定的管理形式。

第二，表面上或暂时能缓解政府的贷款还本付息压力，但最终的负担仍需政府承担。

第三,财务管理与会计核算脱节,造成管理混乱。

公路建设的“先天”决定了公路运营的“后天”,地区经济发展水平、公路路段所连接的经济区域决定了公路经营单位的收入水平。而公路运营支出水平并不因收入水平的高低而变化,主要是银行贷款利率不因公路收入低而降低,公路大中修支出、公路养护支出等也不会因收入水平低而降低。

公路经营管理企业是代表政府管理为社会公众提供公共服务的公路,其立足点已不是企业,而含有许多政府企图。这种介乎于企业和事业之间的单位权且称之为事业化管理的企业或叫非营利性公司,其财务管理与会计核算应既不同于企业,又不同于事业,应探索一条具有中国特色的政府还贷收费公路财务管理与会计核算模式,以满足我国广大地区、大规模政府还贷收费公路管理要求。

## 二、政府还贷收费公路财务管理与会计核算现状及利弊分析



目前,我国的收费公路80%以上为政府还贷收费公路。政府还贷收费公路财务管理基本实行财务收支两条线的预算管理体制,而会计核算方面则有两种模式,一种为与财务预算管理体制相匹配的事业会计核算模式,另一种则为与政府还贷收费公路公司制管理体制相匹配的企业会计核算模式。

实行事业会计核算的模式主要基于政府还贷收费公路的本质属性为非营利性,符合《收费公路管理条例》要求,能与财政收支两条线预算管理体制匹配,其致命缺点是无法直接体现实行公司制管理的收费管理单位的经营成果,达不到国有资产管理部门、审计部门要求,更无法从金融机构取得贷款,影响企业对外融资,限制了单位的发展。

实行企业会计核算模式主要基于收费管理单位为公司制企业,要按企业要求编制资产负债表、损益表、现金流量表。通过企业财务指标分析,满足国有资产管理部门的企业效益评价、国有资产保值增值要求;满足金融机构对企业财务状况良好、经济效益显著的要求。其致命缺点是,为了实现国有资产管理部门和金融机构要求,企业财务报表可能不真实、不完整地反映了单位的财务状况和经营成果,给决策部门提供了虚假的会计信息,导致出现政策性误导。

无论是事业会计核算模式还是企业核算模式,政府还贷收费公路财务管理均实行财政收支两条线的预算管理体制。大多数地方实行量

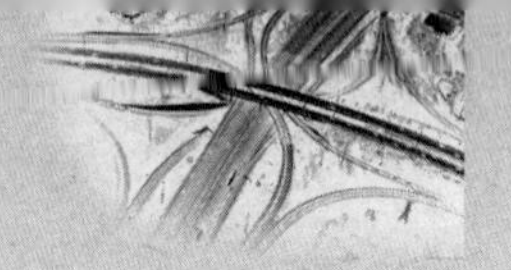

入为出,以收定支的收支平衡预算。而实际各单位的收支并不平衡,在运营前十年左右,多数公路项目是收不抵支,甚至收不抵息,这样的收支平衡预算将许多正常支出排除在预算之外。由于体制,程序等原因,已批复的预算一般不予调整或很少调整,造成单位每年有大量的支出无法及时核销,从而失去了财务管理对会计核算的指导、控制意义,使财务管理与会计核算严重脱节。





由于我国目前没有统一的有关政府还贷收费公路财务管理制度和会计核算制度,上述管理体制及核算方式在各省、各地、各收费管理单位以不同方式体现,运用,管理中出现的问题虽然千差万别,但本质基本相同。

### 三、对事业化管理的政府还贷收费公路公司财务管理模式设想

事业化管理的政府还贷收费公路公司财务管理实行财政收支两条线管理模式不变,以体现其政府还贷收费公路本质,体现其事业或非营利属性,符合《收费公路管理条例》要求。

这种预算应为全收全支预算,可以是赤字预算,不能或不适宜编制收支平衡预算。这样可以让政府财政部门、交通主管部门、审计部门全面了解公司的实际情况,对超过收入部分的支出数量、构成有清楚、全面的了解,对超过收入部分支出的资金来源提出指导意见和建议,对运营期贷款资金来源的数量,用途、还本、付息等直接掌握、监管,让各级政府部门真实、准确、全面掌握政府还贷收费公路管理单位存在的问题和困难,为下一步制定管理政策和相关制度,解决事业化管理的政府还贷公路公司存在的问题提供第一手资料。

预算模式拟采用事业模式,按通行费收入、其他业务收入、营业外收入等编制收入预算;按通行费支出、其他业务支出、营业外支出等编制支出预算。通行费支出按人员经费、公用经费、公路养护经费、征收业务支出、路政业务支出、公路大中修支出、公路水毁抢修支出、固定资产构建支出、开办费支出、贷款利息支出、归还本金支出等编制。预算应明确通行费支出的资金来源除通行费收入外,其他资金(主要是贷款资金)是弥补通行费支出的合法来源,其还本付息仍须纳入通行费支出预算,由当年及以后年度的通行费收入偿还。

通行费支出预算还应包括公路运营项目在建设期形成、由项目建设资金垫付、项目交工验收日之后不予资本化的贷款利息支出,以及竣

工决算批复数小于实际支出数的部分合理支出。

除通行费收支预算外，事业化管理的公路经营公司应按财政部2002年4月10日印发的《关于企业实行财政预算管理的指导意见》，编制企业全面预算，包括业务预算、资本预算、筹资预算和财务预算；财务预算主要有现金预算、预计资产负债表和预计损益表等。

编制预计资产负债表、预计损益表应结合政府还贷收费公路的特点，制订政府还贷收费公路企业的财务制度和会计政策，这些政策应重点关注以下几个方面的问题。

1. 关于固定资产标准

事业单位固定资产价值标准为单位价值1 000元以上；而企业固定资产价值标准国家没有明确规定。从事业体制过渡到企业体制的收费管理单位存在固定资产标准的重新确定和统一问题，笔者认为事业化管理公路经营企业固定资产执行单位价值1 000元以上的标准，这样有利于政府还贷收费公路资产的严格监管，有利于国有资产安全、完整。





2. 关于固定资产折旧政策

作为政府还贷收费公路，支出负担非常沉重，成本压力很大，建议公路资产部分不计提折旧。原因主要是有两方面：一方面，公路资产的简单再生产通过公路日常养护、公路大中修、公路水毁抢修等工程完成，其支出已直接计入或分摊计入成本，已有其补偿资金来源，再计提折旧有重复补偿的嫌疑；另一方面，企业还本付息，维持正常周转运营已十分困难，计提路产折旧无异于雪上加霜，会加速收费还贷公路经营企业财务状况、经营成果的恶化。除此之外的其他固定资产可按合适的办法计提折旧，以体现单位的企业特征，此部分折旧对单位总体的财务状况和经营成果影响较小。

3. 关于公路大中修、开办费等摊销政策

建议对公路大中修、开办费等资本性支出采取按剩余收费期限平均摊销政策，尽可能降低成本摊销给公路经营企业带来的经营成果恶化的副作用。

4. 关于公路贷款还本付息政策

笔者建议按国务院关于交通运输项目资本金必须达到35%以上要求，从运营项目财务上调整项目资金结构，运营项目账面最多记录总投资65%的负债。无论建设项目资本金比例是多少，在项目进入运营阶段，必须按35%以上的比例调整补足项目资本金，分清政府与收费管理

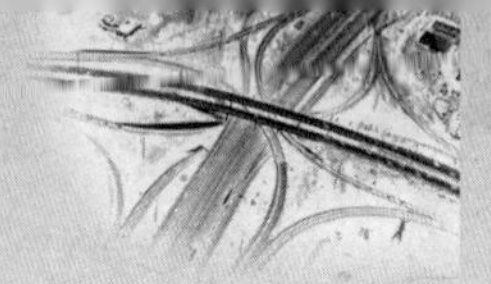




单位的责任，该挂政府应投入资本金的明确列示，以符合国务院规定，并能有效降低项目还本付息负担，督促各级政府部门落实、补足未到位的项目资本金，并为日后各项目资本金构成，能否立项提供直接可供参考资料，避免盲目立项后因先天不足所带来的一系列问题。

5. 关于预计资产负债表、预计损益表的编制政策

建议在上述新的固定资产标准、折旧、公路大中修、开办费支出、公路贷款还本付息政策下编制企业的预计资产负债表，预计损益表。这种政策下编制的资产负债表、损益表符合单位特点，能反映单位真实的财务状况和经营成果，有利于企业对外筹融资，有利于财政部门、审计部门、国有资产管理部门的监管。

## 四、对事业化管理的政府还贷收费公路公司会计核算的建议和设想

应建立一套与财务管理体制、财务管理模式、单位组织形式、单位业务特点相适应的会计核算模式。长安大学经济与管理学院教授、博士生导师周国光在《交通财务》2007 年第六期发表的《公路经营企业管理政府还贷公路财务管理与会计核算问题探索》一文，对这一模式介绍的非常清楚，可以依照此模式建立单位会计核算体系。需要补充和完善的是，周教授提出的思路比较概括，从大方向上指明企业管理政府还贷公路会计核算的思路和做法，对具体操作细则、账务处理原则未展开讨论，笔者拟提出如下建议供大家参考。

1. 关于企业权责发生制与政府还贷公路通行费收付实现制同时运用统一协调问题。

作为企业，要按权责发生制要求编制资产负债表、损益表；作为执行财政预算的政府还贷公路管理单位，要按预算管理要求编制以收付实现制为基础的通行费收支余情况表，两者如何协调统一是本会计核算模式的核心和精髓所在。笔者建议，在《公路经营企业会计制度》会计科目的框架下，设立通行费支出和待核销通行费支出两个二级科目，来核算收付实现制与权责制下应核算的内容。通行费支出即为权责制下应进入当年损益的支出，待核销通行费支出即为收付实现制下当年已实际支出，应在以后年度核销，进入通行费收支余表，不进入损益表的通行费支出。

2. 关于通行费结余与本年利润的关系

本制度下，通行费结余分两部分，一部分为按权责制核算、构成本

年利润——通行费结余；另一部分按收付实现制核算，不构成本年利润，在在建工程、长期待摊费用等项目下反映。

3. 关于二级科目、三级科目的设置问题

为了在企业制度模式下全面反映通行费收支预算的执行情况，达到会计核算与财务管理的高度统一，建议在总账科目下设置"通行费支出""待核销通行费支出"二级科目，在二级科目下，按预算管理要求设置三级科目，如在通行养护成本、征收业务成本项下设置"人员经费""公用经费""业务经费"等预算管理要求的科目。

4. 关于编制通行费收支余报表和损益表问题

在本制度下，管理政府还贷收费公路企业每月必须编制资产负债表、损益表，同时必须编制通行费收支余情况表。通行费收支余报表要根据企业会计账簿的相关会计科目分析填列，特别是将总账科目项下的"通行费支出""待核销通行费支出"内容及有关三级科目的内容按实际全部填列，真实反映单位预算的执行情况，为各级领导决策提供全面、准确的第一手资料。

（本文发表在《陕西交通会计》2007 年第 4 期）

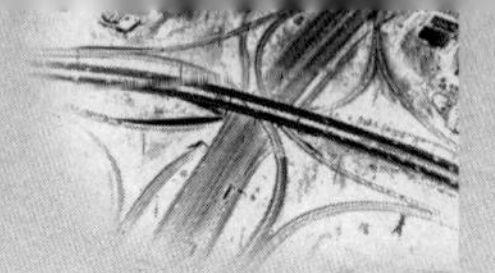



# 浅谈《安易财务软件》在我所的应用

[摘　要]　本文就安易财务软件在西安公路研究所应用的背景、必要性、可行性、应用过程、应用效果进行了总结，并提出了完善与改进软件的建议。

[关键词]　安易财务软件　应用

## 一、我所实行会计电算化的必要性与可能性

1. 单位基本情况

我所是从事公路交通科学研究、技术开发、技术转让、技术咨询、技术培训的全民事业单位。现有在册职工 174 人，离退休 84 人，主要专业科室有道路、桥梁、隧道、汽车、地基基础、电子技术应用、工程监理、检测试验、仪器开发共九个，是一所立足陕西、面向全国的技术开发型科研单位。

2. 会计核算业务情况

1998 年以前，我所的会计核算工作全部依靠手工完成，工作量很大。我所每年有 200 个左右研究项目，收支即 400 个明细；往来户有 200 个以上；行政费有近百个明细；新增的住房公积金，养老保险金按人设明细，亦有 350 个明细，加上其他账目的分户明细，月计账目的明细数已超过 1 200 个，每月会计凭证都能装订 10 余本。由于公路工程建设项目投资较大，周期较长，公路科研课题的研究周期亦较长，多则三五年，少则一年，公路科研单位横向技术服务的周期同样较长，一年以上的项目经常出现，这也加大了财务管理的难度和工作量。由于量大，期长，四名财务人员手工操作很难及时、准确、全面地提供出内外所需的会计信息，实施会计电算化已成为我所的当务之急。

3. 实施电算化的优势

(1) 由于公路交通行业属国家重点支持的行业，我所亦从中受益不少，实施会计电算化的经费在我所基本能得到保障。

(2) 领导的支持与重视。由于同行业兄弟单位前些年已实施了会计电算化，经过我所财务人员的努力，引起了领导的重视和支持。

(3)科研单位属知识密集型单位,各类人才,特别是计算机方面人才较多,为我所实现会计电算化制造了浓厚的氛围,提供了坚实的后盾。

(4)财务人员本身有一定的计算机专业知识和实践经验,又接受了几次计算机培训,这是我所实施会计电算化的根本保证。

## 二、《安易财务软件》是我所的理想选择

(1)科研单位属事业单位性质,受国家预算、政策、法规、财务会计制度的约束力较强。

(2)事业单位与企业,行政单位的差别较大,其会计核算与企业相比要简单得多,而与行政单位比则要复杂些。现行市场上出售的财务软件以企业为基础编制的占绝大多数,其功能全,模块多,使用较为复杂,事业单位会计人员一时难以适应。另一方面,因其功能全,模块多,对事业单位而言,许多无用的功能及模块购置回来必然是物贬其值,造成浪费。

(3)《安易财务软件》—行政事业单位网络版是由财政部财政科学研究所安易会计电脑公司专为行政事业单位开发的财务软件,它最切合行政事业单位的实际,充分考虑了行政事业单位政策性、业务活动单纯性的特点,对行政事业单位急需的、日常工作中最常用的账务系统、电子报表系统、固定资产系统、工资系统等进行了深入的研究和仔细的开发,特别是其电子报表系统,是完全按照一九九八年元月一日起实施的《事业单位会计制度》要求开发的。其编制的"资产负债表、收入支出表、事业支出表、经营支出表"等基本会计月报表,无须作任何变动即可提供出满足上级部门要求的会计信息。

(4)《安易财务软件》售后服务非常出色。

售后服务是财务软件购置中需要特别注意的事项。安易软件的售后服务网点遍布全国,其中大部分挂靠在各省、市、自治区财政厅局,队伍的稳定性相对较高。设在陕西省境内的陕西安易代理商就是陕西省财政信息中心,办公地点在省财政厅大院内。其售后服务人员人数多,各个服务人员的技术水平都非常高,工作态度好,热情、耐心、周到、随叫随到等给客户留下了很深的印象。

基于以上几点,我所选择了"安易"。

## 三、《安易财务软件》在我所的应用情况

1. 认识阶段

1996年9月前，我所一直使用着自行开发的工资软件。该软件存在着几个致命的弱点：部门固定，不可随意增减；人员固定，不能随意调整；工资项目固定，无法随意修改、增减，致使走了的人去不掉，来了的人加不进，新成立的科室工资无法独立列表，该删除的“国库券”项目动不成，该增加的“养老金”、“公积金”项目无立足之处，工资单看不明白，职工意见很大。

随着1996年9月安易工资软件的到来，上述问题迎刃而解，使我们对其产生了极大的兴趣，并带有不少感激成分。加之安易售后服务人员的热情周到，使我们对安易软件产生了非常好的印象。1997年，由于国家将对事业单位的会计制度进行改革，我们对所有会计软件都未作购置打算。

2. 试用阶段

1998年，国家对事业单位会计制度的改革政策已经出台，我所实施会计电算化的时机基本成熟。我所在7月份更新了原有的AST386微机，购置了一台联想586微机。经过充分的市场调研与论证后，8月份即安装了“安易账务系统”、“安易电子报表系统”的行政事业单位单机板。通过几个月的试运行，我们感到比较满足，但还觉得单机版仍不能满足我所会计核算业务要求，还需再上一个台阶。11月底，我们即对下一步作了硬件和软件上的准备，又购置了两台DELL586微机，在原有EPSONLQ1600K的基础上，添置了一台EPSONMJ1500K+中文彩色喷墨打印机，安装了“安易账务系统”、“电子报表系统”、“工资系统”、“固定资产系统”四个模块的行政事业单位网络版。同时，在制度建设，人员培训等方面做作了许多必要的工作，为1999年安易软件在我所的应用打下了良好的基础。

3. 应用阶段

1999年1月1日起，我所开始了“安易财务软件”的运行。在运行过程中，我们对作为服务器的一台DELL计算机内存和硬盘进行了扩充，将内存由原来的32M扩充为128M，将硬盘由原来的4.3G扩充为24.3G，同时安装了HP光盘刻录机。在软件平台方面，我们从1996年的DOS操作系统发展到1998年的WIN95，到1999年的WIN98，

WIN. NT4.0，实现了跨越式发展，为安易软件在我所的成功、高效应用奠定了坚实的软、硬件基础。

## 四、《安易财务软件》在我所的应用效果

1. 减轻了财会人员的工作强度，缩短了会计报表的上报周期

由于安易软件的介入，使我所日常所需的各类会计信息在几分钟之内便可跃然纸上。如我们编制的项目收支余月报表，资产负债变动情况表，专用基金变动情况表等内部用报表，用A4纸共需打印十二页，计算机在十分钟之内即可搞定。若是以前的手工操作，这十二页报表不说是编制，单抄写一遍没有三个小时很难完成；若是手工编制，三天时间都很紧张，其中的差错肯定会不少。仅此安易软件的应用成效可见一斑。

2. 提高了会计信息质量，促进了会计工作的规范化

由于使用安易软件，在很大程度上解决了手工操作中不规范、易出错、易疏漏等问题。

3. 提高了事业单位财务和业务管理水平

由于安易软件的几个模块间数据调用自如，属于一个整体，加之其电子报表中提供了单位自行编制报表的平台，这为各单位根据自身特点和业务需要编制一系列内部或对外用报表提供了广阔的空间，也使会计信息由以前的主要对外使用变为现在的主要对内使用，为提高事业单位的财务和业务管理水平立下了汗马功劳。我所利用安易电子报表系统自行编制出了近十种内部用报表，为领导的决策分析和单位的管理工作提供了客观、详尽、全面、准确的依据，因此，我所的财务工作也受到了所领导的日益重视，得到了职工群众的普遍好评。

4. 促进了会计职能的转变和财会人员素质的提高

实行电算化后，工作效率提高了，财会人员就会腾出足够的时间和精力参与全所的经营管理，参与经营决策，促进了会计职能从单一的核算型向现代化的管理型转变。另一方面，促进了财会人员不断学习先进的计算机知识和财务管理理论，这自然会使财务人员的素质有所提高。

## 五、对《安易财务软件》需要完善和改进的建议

从我所近两年来对安易财务软件的使用情况看，安易财务软件行

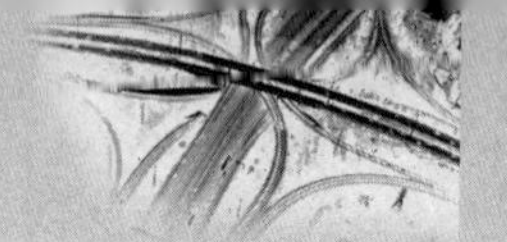

政事业单位网络版 3.11 确实存在不完善和不周到之处(仅属个人观点,不对或不妥之处请海涵),主要表现在以下几个方面。

1. 说明书过于简单,版本升级后未作补充说明。

2. 账务系统方面

(1)预算管理部分按月划分太死板,不切合单位实际。

(2)项目管理部分较粗糙,只对大额少量项目予以考虑,未对小额大量项目作考虑。

(3)自动转账功能不甚完备。

(4)凭证格式设置不合理。

3. 电子报表系统方面

(1)格式定义太死板,套用起来工作量较大。

(2)编辑功能较差,应将 EXCEL 的实用功能作更多引进。

4. 工资系统

(1)工资项目定义与其栏目编号不能直观对应。

(2)结账后发现有误或漏操作较难更正。

(本文发表在《陕西交通会计》2000 年第 6 期)

# 支出审核电算化逻辑图初探

[摘　要]　本文从支出、成本、费用的概念和特点出发,探索进行计算机自动审核支出的程序和方法。

[关键词]　支出　审核　逻辑图

会计电算化是目前会计界比较热门的话题,然电算化的程度与水平在各单位有较大差异。据笔者了解,支出审核电算化在各单位几乎

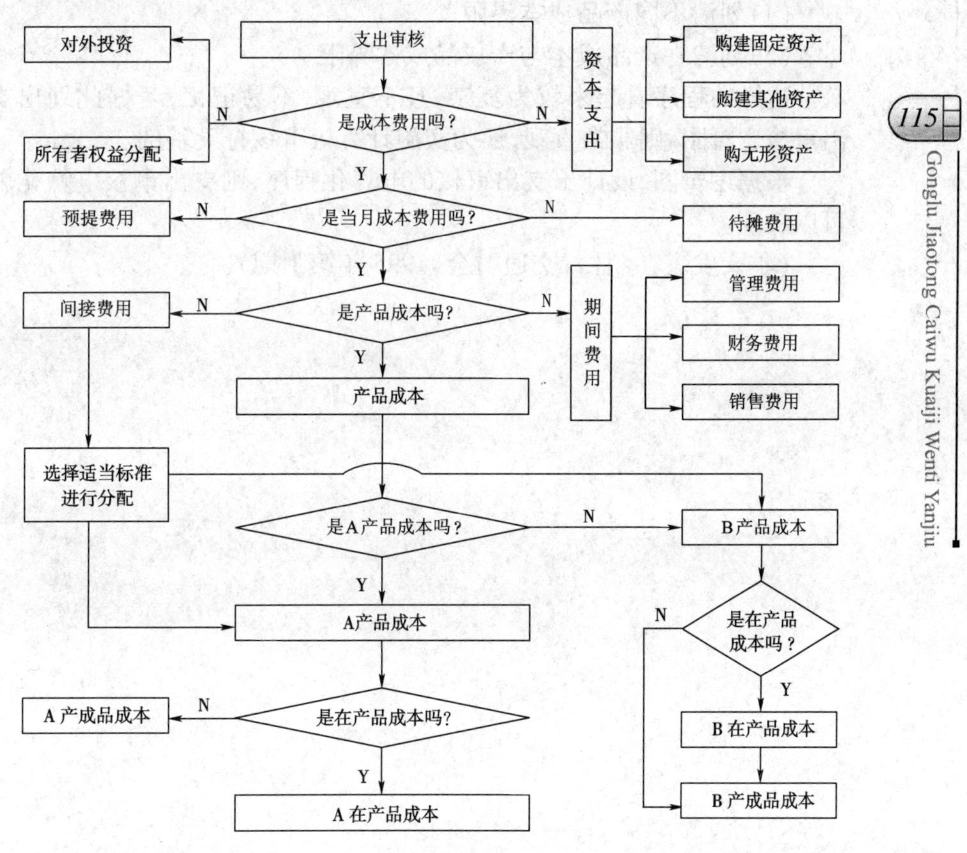


支出审核逻辑图

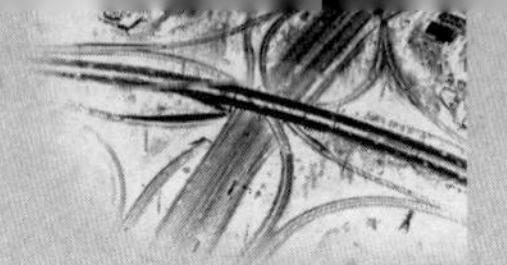

都没实施,全都靠人工完成。为了提高会计电算化程度,减轻财会人员的负担及因主观因素影响所造成的失误,笔者在此方面做一尝试,以期有识之士相助,共同完成这一重任。

费用审核的一般程序如下。

1. 审核控制

其要点为审核其应否发生,应否计入成本、费用,控制其数量在规定限额之内。

2. 划清各种费用界限

(1)划清成本费用与非成本费用界限;

(2)划清月份界限;

(3)划清产品成本与期间费用界限;

(4)划清不同产品成本界限;

(5)划清在产品成本与产成品成本界限。

这样的程序看起来较为复杂,且不直观,不易记忆,若据此划出支出审核逻辑图,则非常直观,还为实施计算机审核打下基础。

根据逻辑图,设计出支出审核的电算化程序,则支出审核电算化就可以实现。

(本文发表在《甘青交通财会》1995 年第 1 期)

# 浅论账务活动的周期性规律

[摘　要]　本文将账务活动十三个方面的工作分为发生期、发展期、高潮期四个阶段,并提出了账务活动的小周期循环、中周期循环、大周期循环三级循环的思路,论证了三级循环的关系,提出账务活动最关键、最频繁的为小周期循环的理念,必须关注和重视最基本的算账、报账、记账工作。

[关键词]　账务活动　周期性规律

众所周知,财会工作的核心在于账务工作,日常人们所说的算账、报账、记账仅属账务工作的几个典型侧面,并非全部内容。账务活动的全部内容包括建账、过账、算账、报账、记账、结账、查账、对账、调账、析账、用账、归账、销账十三个方面的工作,这十三个方面的工作可以分为四个阶段或时期。

1. 账务活动的发生期

账务活动的发生期主要包括建账、过账、算账、报账、记账、结账六方面的工作,对新成立单位来说,第一年则没有过账工作。

2. 账务活动的发展期

账务活动的发展期主要包括查账、对账、调账工作,这一阶段的工作主要是对原有记录的更正、补充和完善,以期达到账证、账账、账表、账实相符的要求并符合有关制度、法律的规定,是对发生期各项工作的进一步完善和发展。

3. 账务活动的高潮期

账务活动的高潮期主要指析账和用账工作,是对原有账户记录的分析和运用。这是现代会计工作的根本目的和核心所在,只有达到这一阶段,财会工作参与管理、参与决策、服务于所在会计主体的作用才有可能得到发挥,否则纯属纸上谈兵。

4. 账务活动的衰老期

账务活动的衰老期指归账和销账工作。归账主要指会计档案的归档工作;销账则是会计账户的结清和会计档案的销毁工作。

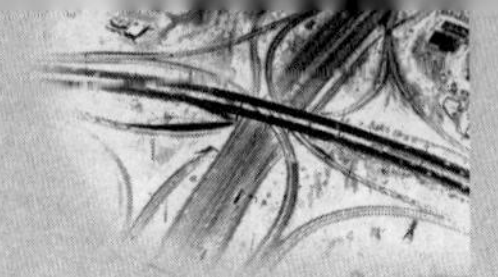





根据以上对账务活动按阶段(时期)分类不难看出,账务活动按阶段(时期)划分有其合理性的一面亦存在不合理的一面,这主要是有的时间跨度太大,同一阶段又包含不同层次的工作。如账务活动的衰老期,其账务结清与归档要间隔三年,而归档与档案销毁则间隔5~25年,有些档案永远不能销毁。高潮期亦是如此,账务分析资料可以用一年的,也可以用多年的;账务运用比分析时间跨度更大,只要没有销毁,均属于运用的范围。

可见,账户活动的周期性不是单一的,而是具有层次的。这类似于计算机程序中的多重循环语句,是大循环套中循环,中循环再套小循环,小循环中可能还有微型循环。

账务活动的周期性可以简单分类如下。

1. 小周期循环

这里的小周期时间长度为一年。

财会人员年复一年的从事着基本相同或相似的工作,建账、过账、算账、报账、记账、结账、查账、对账、调账、析账、用账、归账、销账,对当年发生的经济业务则主要侧重于算账、报账、记账工作。因此,人们通常将算账、报账、记账工作概括为传统会计模式下的会计工作。这些工作看起来非常简单,许多同志据此得出会计工作非常简单、没什么东西可做的结论;加之这些工作的重复循环,给人们一种会计工作非常简单甚至乏味的错觉。

现在,至少可以这么说,将传统会计概括为算账、报账、记账是很不全面的,因这些仅属发生期的部分内容,至于发展期、高潮期、衰老期的工作似乎很少有人注意。不能全面认识和了解会计工作,当然会产生错觉,由于错觉导致错误结论也是很自然的事。

在实务工作中,由于发生期的工作没能做好,发展期的工作不知道做或不会做,高潮期的工作根本就无法做,衰老期的工作也是应付着做,都这么稀里糊涂地习惯了,能使会计在人们心目中的地位不断提高吗?

2. 中周期循环

中周期循环的时间长度一般为2~5年。

这一周期间着重进行原有账务结果的分析和运用,另外还有部分对账、查账、调账工作,即主要从事发展期及高潮期的工作,所以此周期的工作非常重要,但目前重视此项工作的单位并不多,应该引起大家注意。

3. 大周期循环

这一周期的长度一般为 5 年以上。

进入这一阶段的账务活动基本都是衰老期的工作，按会计档案管理要求，分期分批进行会计档案的销毁是这一阶段的主要内容。完成了这一阶段的工作，账户活动的某一次循环即宣告结束。

由以上叙述不难看出，账务活动的周期性之层次性与生产活动的周期性非常相似，生产活动的供、产、销可以在同一天、同一月、同一年内分别完成各批次生产活动各自循环的某一阶段，账务活动亦有此特性，同样可以再同一天、同一月、同一年完成各自账务活动循环的某一阶段。也就是说，在某一年、某一月或某一日内，账务活动几个阶段的工作同时出现是很自然的事，因其都在完成各自的循环。

账务活动的周期性是账务活动本身所具有的规律，不以人的意志为转移，所以我们在实际工作中要正确认识和充分利用这种规律性，违背账务活动的规律性是要受到惩罚的。以前违背规律受到惩罚的并不少见，希望大家能引以为戒。

（本文发表在《交通财会》1994 年第 8 期）

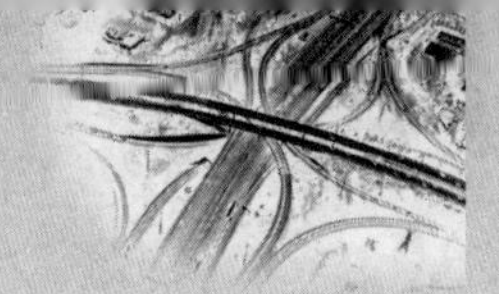



# 公路资产计价问题研究

[摘　要]　本文以政府还贷公路为例，研究和探讨公路资产的计价问题，主要从超概算投资形成资产的计价、公路后续支出形成资产的计价，建设项目自购资产的计价，代购资产计价、调拨资产的计价，移交多交或少交资产的计价，建设项目向运营单位移交并账的资产计价等方面展开。

[关键词]　公路资产　计价

## 引　言

公路，顾名思义，是“公家的路”、“公共使用的路”、“公共所有的路”。

《中华人民共和国公路管理条例》第三十九条规定：“公路是指经交通主管部门验收认定的城间、城乡间、乡间能行驶汽车的公共道路。”

《公路法》第二条规定：“本法所称公路，包括公路桥梁、公路隧道和公路渡口”。第六条“公路按其在公路路网中的地位分为国道、省道、县道和乡道，并按技术等级分为高速公路、一级公路、二级公路、三级公路和四级公路。第八条“国务院交通主管部门主管全国公路工作。县级以上地方人民政府交通主管部门主管本行政区域内的公路工作；但是，县级以上地方人民政府交通主管部门对国道、省道的管理、监督职责，由省、自治区、直辖市人民政府确定。乡、民族乡、镇人民政府负责本行政区域内的乡道的建设和养护工作。县级以上地方人民政府交通主管部门可以决定由公路管理机构依照本法规定行使公路行政管理职责。”

公路是与城市道路相对应的。城市道路是城市内部的道路，全部由城市道路所在的城市投资建设、养护、维修，主要为城市市民使用，由城市市政部门管理。简单地说，连接省与省的公路称为国道，由国家和省级人民政府共同投资建设；连接县与县的公路为省道，由省级政府和市县政府投资建设；连接乡与乡、村与村的公路为农村公路，由县级政

府和乡镇政府投资建设。公路由政府交通部门管理。

按是否收取车辆通行费,公路分为收费公路和免费公路。

按由谁收取车辆通行费,收费公路又分为政府还贷公路和经营性公路。

公路属社会公共产品,分农村公路、干线公路、高速公路三类。

公路一般由财政拨款投资兴建,不收通行费,按照核销制原则办理,不计价。

因财政资金不足,国家出台了"贷款修路,收费还贷"政策。在投入少量财政资金下,利用银行贷款等非财政资金进行公路建设,通过收取车辆通行费归还贷款本息,称为政府还贷收费公路。因要根据资本金到位比例投放贷款资金,要按贷款额度计算贷款利息,政府还贷公路资产必须计价。

另一种收费公路称为经营性公路,是通过政府还贷公路转让给经营企业,收取公路转让费作为其他公路项目建设资本金,或通过 BOT 方式由经营企业建设、经营,由政府特许经营企业通过收取车辆通行费收回转让费投资并取得合理回报。公路资产转让价以评估价为基础,经过双方谈判,确定最终转让价格,经营性公路资产必须计价。

农村公路基本上属于不计价的免费公路;干线公路中,经过改扩建和新建的公路,使用了非财政资金的为政府还贷公路或经营性公路,未改扩建、非新建、没有使用非财政资金的为免费公路;高速公路绝大部分为政府还贷公路和经营性公路,少量由中央和地方财政全部投入或赎回,为免费公路。

能够预测在收费期限内回收投资并有合理回报的为经营性公路,否则为政府还贷公路。

公路资产的计价本属财务会计领域的简单问题,但由于公路资产的特殊性,财务会计方面认定的计价政策与公路建设方面管理规定有很大出入,加之公路财务管理和会计核算制度体系不健全,现有制度无法覆盖现实中遇到的有关问题,特别是作为《收费公路管理条例》明确认定的政府还贷公路,在财务会计方面目前仍然存在制度空白现象,必须加以研究,为政府相关部门制订政策提供参考。

本文以政府还贷公路为例,研究和探讨公路资产的计价问题。主要从超概算投资形成资产的计价、公路大中修、收费站改扩建、治超站点建设、收费系统升级改造等后续支出形成资产的计价,建设项目自购资产的计价,代购资产计价、调拨资产的计价,移交多交或少交资产的计价,建设项目向运营单位移交并账的资产计价等方面展开。

## 一、公路项目超概算投资形成资产的计价

1. 公路项目超概算投资原因分析

公路建设项目一般必须按照概算批复的规模、标准和投资进行建设。公路建设由于投资额大,建设期长,对地区和国民经济发展影响深远。其投资决策过程较为复杂,需要经过预可研形成投资估算,再经过工可研形成投资概算,然后经过初步设计形成修正投资概算,后经过施工图设计形成投资预算;建设过程中还需对不合理、不到位的施工图设计进行变更,形成追加或减少投资预算;最后在通车运营两年之后,形成投资决算。

也就是说,公路建设从投资估算开始,经过工可研投资概算、初步设计修正概算、施工图设计投资预算、设计变更追加或减少预算五个阶段的投资决策过程,最后才形成竣工决算这一投资结果,历时少则5~8年,多则十年以上。由于建设周期长,建设过程中的投资变化就很大。

第一是物价变动、价格上涨引起的变更较多,主要是钢材、水泥、沥青等主要材料价格波动影响极大,汽柴油、地材、人工、机械等价格波动影响也不小。

第二是工程数量变化、设计方案变更引起的投资变化。

第三是国家土地政策变化,引起征地拆迁投资的大幅度提升。

第四是国家货币政策调整,引起贷款利率变化及因为项目资本金到位时间与概算计算时间有差异、贷款资金用量增加,项目资本金到位额数与概算有差异,贷款用量增加,造成贷款利息支出大幅度超概算。

建设项目决算超出概算有许多因素是建设项目本身无法控制的。如贷款利息超概算,征地拆迁费超概算、物价上涨引起的超概算。还有许多是由于前期工作深度不够、广度不够,实际中难以实施或者实施后对工程质量、项目建成后的实用性等产生副作用,必须通过设计变更进行改进、完善,以达到质量更可靠,更实用的目的。

以上可以得出结论:公路建设项目超概算主要原因为客观原因,理应实事求是的客观对待,对已严重脱离建设项目实际的概算应予以调整。

2. 我国对公路项目超概算投资的相关规定

A. 国家发展和改革委员会规定。

2009 年 6 月 15 日，国家发展和改革委员会颁布了《关于加强预算内投资项目概算调整管理的通知》（发改投资[2009]1550 号），对概算调整作出如下主要规定。

（1）依现行规定由国家发展改革委核定批准初步设计概算的中央预算内投资项目，在建设过程中由于价格上涨、政策调整，地质条件发生重大变化等原因导致原批复概算不能满足工程实际需要的，应向国家发改委申请调整概算。

（2）申请调整概算的项目，凡概算调增幅度超过原批复概算 10% 及以上的，国家发展改革委原则上先商请审计机关进行审计，待审计结束后，再视具体情况进行概算调整。

（3）对于申请调整概算的项目，国家发展改革委将按照静态控制、动态管理原则，区别不可抗因素和人为因素对概算调整的内容和原因进行审查。对于使用基本预备费可以解决问题的项目，不予调整概算。对于确需调整概算的项目，须经国家发展改革委组织专家评审后方予核定批准。

（4）对于由于价格上涨，政策调整等不可抗因素造成调整概算超过原批复概算的，经核定后予以调整，调增的价差不作为计取其他费用的基数。

（5）对由于勘察、设计、施工、设备材料供应、监理单位过失造成调整概算超过原批复概算的，根据违约责任扣减有关责任单位的费用，超出的投资不作为计取其他费用的基数。对过失情节严重的责任单位，建议相关资质管理部门依法给予处罚并公告。

（6）对由于项目单位管理不善、失职渎职、擅自扩大规模、提高标准，增加建设内容，故意漏项和报小建大等造成调整概算超过原批复概算的，将给予通报批评。对于超概算严重、性质恶劣的，将向国务院报告并追究项目单位的法律责任。

（7）以上规定自本通知发布之日起执行。

B. 交通运输部规定。

交通运输部《公路工程调整概算管理办法》（征求意见稿）第三条，本办法所称调整概算，是指自公路工程初步设计批准之日起至竣工验收正式交付使用之日止，对已批准的初步设计概算调整的行为。

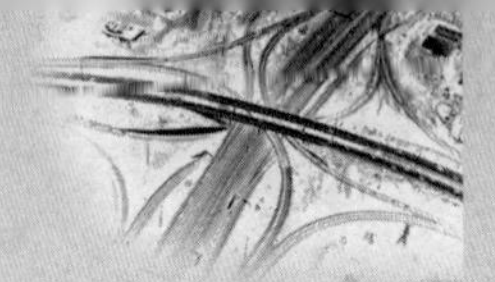

第五条，批准概算是建设项目投资的最高限额，应严格控制。批准概算一般不予调整，确需调整的，一个项目原则上调整一次。

第六条，由于下列原因之一造成项目费用变化的，可申请对批准的初步设计概算进行调整。

（一）因国家政策调整引起费用变化的；

（二）因物价变动引起费用变化的；

（三）因不可抗力因素等引起费用变化的；

（四）因设计变更等原因所引起费用变化的；

（五）其他原因引起费用变化的。

第七条，既发生重大设计变更，又发生调整概算的项目，按重大设计变更管理程序办理，可同时进行调整概算。

C. 陕西省交通厅规定。

陕西省交通厅关于发布《陕西省公路基本建设工程概算、预算编制补充规定》及《陕西省公路工程补充预算定额》的通知（陕交建〔2000〕475 号）第二条，凡在二〇〇〇年九月一日前尚未进行施工招标的工程项目，其概、预算一律按本规定调整，已进行施工招标的工程项目，其概、预算不再进行调整。

D. 新疆维吾尔自治区交通厅规定。

关于发布《新疆维吾尔自治区公路工程基本建设项目概算预算编制办法补充规定》和《新疆公路工作预算补充定额》的通知（新交造价〔2008〕2 号）第三条，已审批的公路工程项目估算、概算、预算不再调整。

3. 财政部、交通部颁发的《高速公路公司财务管理办法》中关于公路资产计价的相关规定

第二十四条，公路固定资产按照下列方法计价。

（1）购入的，按照建造过程中发生的全部支出计价。

（2）自行建造的，按照建造过程发生的全部支出计价。

①出包工程，应根据出包工程价款的支付方式计价。

a. 在计量支付方式下，公司根据验收工程的数量乘以承包单价分期支付工程价款，并计算各分段、分项工程的建筑安装成本，工程完工办理竣工结算的，将各项待摊费用摊入各分段、分项工程成本，然后汇总各分段、分项工程成本，即为该工程的工程成本。工程完工后，将工程的工程成本中属于固定资产部分转入固定资产价值。

b. 在大包干支付方式下，在公司应在对承包商最终支付时（或确定

了最终支付额时),根据承包合同和承包商送交的施工单位竣工决算报告确定各分项工程成本,摊入公司的各项待摊费用,计算出该工程成本。工程完工后,将工程的工程成本中属于固定资产部分转入固定资产价值。

在上述两种方式下,公司应对竣工决算报告以及使用财产明细表进行认真审核并对以逐一分类评价。

②自营工程,按照直接材料类、直接人工、施工机械使用类、其他直接以及所分摊的工程管理类等计价。

(3)投资者投入的,按照评估确认或者合同、协议约定的价值计价。

(4)融资租入的,按照租赁协议或者合同确定的价款运输费、保险费、安装调试费等计价。

(5)接受捐赠的,按照发票账单所列金额加上由公司负担的运输费、安装费、安装调试费等计价。无发票账单的,按照同类设备市价计价。

(6)盘盈的,按照同类设备的重置定额价值计价。

(7)在原有固定资产基础上进行改扩建的,按照固定资产原价,加上改扩建发生的支出,减去改扩建过程中发生的固定资产变价收入后的余额计价。

第二十五条,在建工程发生报废或者毁损,按照扣除残料价值和过失人或保险公司等赔偿后净损失,属于公路建设项目的,计入工程成本,属于公路经营项目的,计入营业外支出。

第二十六条,虽已交付使用但尚未办理竣工决算的工程,自交付使用之日起,按工程预算、造价或者工程成本等资料,估价转入交付使用资产。其中,属固定资产的,应计提折旧,竣工决算办理完毕后,按照决算数调整原估价和已计提折旧。

4. 公路项目超概算形成资产计价存在的问题

(1)由于前边原因,公路项目超概算已既成事实,超概算形成的资产同概算内资产一样已交付使用,但由于公路项目造价管理、概算调整有其明确规定和严格程序,超概算资产由于未得到政府审计部门认可,也未得到决算审批机关认可,无法计入公路资产价值,被排除在公路价值之外,对公路资产的完整性、真实性、准确性造成直接影响。如,某高速公路概算投资18.4亿元,实际完成投资18.9亿元,超概0.5亿元,政府交通主管部门关于该高速公路竣工决算批复文件明确批示“超计划部分请与相关部门联系,尽快解决”。运营公路固定资产入账价值以竣

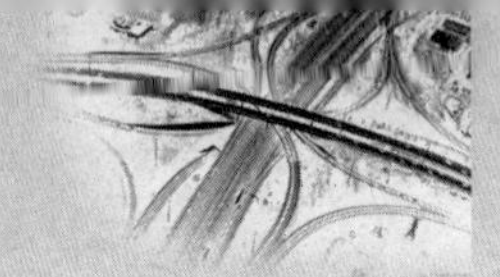



工决算批复为依据，建设项目将超概资产排除在外，运营公路无法将超概资产囊括其中，使财务管理与会计核算处于两难境地。

（2）超概算资产没有合法资金来源。

公路建设项目资金来源根据批准的概算分国家资本金、地方政府资本金、银行贷款等渠道。国高网内高速公路安排国家资本金约占项目概算总投资15%，地方政府资本金约占20%（2009年5月1日起资本金比例改为25%），银行贷款约占65%。在工程实施工程中，国家资本金总体能按计划到位，但因审批程序复杂，拨款环节较多，多个项目资本金同时到位需要分配和调剂，真正拨到公路建设项目账户已比概算测算时间晚半年以上，有的要晚一年以上。地方政府项目资本金到位更是遥遥无期，多数根本到不了账。这时只能以银行贷款补充项目资本金不到位，晚到位缺口。

超概算工程因无合法的批准概算等有效文件支撑，无法申请项目银行贷款，实际工作中只能以流动资金贷款等名义申请短期贷款，或者挪用其他建设项目资金、运营资金以应对建设资金急需，造成短贷长用、挤占、挪用资金等问题。

（3）超概算资产没有合法的投资回收和贷款偿还渠道。

《收费公路条例》第十六条规定：车辆通行费的收费标准，应当根据公路的技术等级、投资总额、当地物价指数、偿还贷款或者有偿集资款的期限和收回投资的期限以及交通量等因素计算确定。对在国家规定的绿色通道上运输鲜活农产品的车辆，可以适当降低车辆通行费的收费标准或者免交车辆通行费。

修建与收费公路经营管理无关的设施、超标准修建的收费公路经营管理设施和服务设施，其费用不得作为确定收费标准的因素。

超概算建设的公路资产被政府财政部门，物价部门认定为“超标准修建的收费公路经营管理和服务设施”，不作为确定收费标准的因素。政府还贷公路收费标准只考虑概算内已签订项目贷款合同的贷款资金的还本付息问题，超概算资金使用的贷款还本付息不予考虑，这就会造成超概算资产所使用的贷款资金没有偿还渠道，若没有通行费收入超过确定收费标准时的增长，则超概算资产所使用的贷款资金无法按期还本付息。

（4）超概算公路资产计价的对策建议。

对于由于工程建设原因造成超概算形成的公路资产在财务管理与

会计核算方面应遵循财务会计的制度和原则，财务问题用财务的思路和办法去解决，不能让工程建设牵着鼻子走，处理不好又将责任全部推卸给财务部门。笔者建议，应按照实质重于形式的原则和《高速公路公司财务管理办法》相关规定，按照概算内资产计价的口径和方法计量确认超概算公路资产，对竣工决算批复的公路资产转入固定资产—已确认公路资产，对竣工决算批复未确认或者由运营承担的公路资产入固定资产—待确认公路资产，确保公路资产价值的完整，确保公路资产账实相符，为日后调整通行费标准提供依据，为建设资金的管理使用提供支撑，为收费期届满移交政府或者由政府还贷公路转为经营性公路提供充分、全面的第一手资料。

## 二、建设项目自购资产的计价

公路建设项目在建设期由于工作需要必须自购部分管理用固定资产，如管理过程中需要的计算机、打印机、复印机、传真机等办公设备，购置的车辆等交通工具等，这些设备有的是批准概算中已明确的，而绝大多数概算批复中并未明确。在实际业务中，有的单位将其列入待摊投资、有的列入设备投资、有的列入其他投资，有的列入固定资产，并对其计提折旧，非常混乱。在上级财政、审计、财务、重大项目稽查等检查中，对同一问题提出了不同的要求，均要求建设单位限期整改，财政部门要求整改的结果被审计部门否定，审计部门要求整改的结果被上级财务部门否定或被会计事务所否定，让建设单位无所适从。笔者建议，由政府财政部门牵头，会同审计部门、交通主管部门，制订一个建设项目自购固定资产的具体计价办法，各建设单位据此执行，审计部门、交通主管部门在检查中也能够予以认可。

由于公路建设项目有其明确的资金来源渠道和投资、贷款回收和偿还渠道，所有公路资产的计价应按概算或调整概算批准的投资渠道计价以利投资的回收和贷款偿还，故笔者建议公路建设项目自购固定资产不宜直接列入固定资产核算，更不能计提折旧。

## 三、公路后续支出形成资产的计价

公路后续支出指公路在运营过程中发生的公路大中修支出、水毁抢修支出、收费站改扩建支出、治超站点建设支出、收费系统升级改造支出、服务区改扩建支出、开办费支出、固定资产构建支出等资本性支出。

由于前述公路项目超概算、资本金未到位等原因没有被列入制定收费标准的测算因素中，加之公路项目投资效益具有滞后性，部分政府还贷公路在收费期内很难还清贷款本息，在运营期内根本没有通行费资金来安排公路大中修等公路后续资本性支出事项，其资金来源仍为银行贷款，即流动资金贷款，运营单位负责清偿到期的银行贷款利息，至于还本问题，因无资金可还，就采用贷款展期，借新还旧，借甲银行还乙银行的办法来维持运营资金不断流，后续资本性支出有保障。

公路后续资本性支出形成资产与建设期内概算内投资形成资产，超概算投资形成资产性质完全相同，应按照《高速公路公司财务管理办法》第二十四条第七款“在原有固定资产基础上进行改扩建的，按照固定资产原价，加上改扩建发生的支出，减去改扩建过程中发生的固定资产变价收入后的余额计价”执行。

目前部分政府还贷公路经营企业将公路大中修等后续资本性支出计入在建工程，完工后计入长期待摊投资，通过摊销的方式收回投资和贷款，部分则计入固定资产（并非增加原公路资产价值），通过折旧的方式收回投资和贷款。笔者曾撰文指出政府还贷公路资产不能计提折旧，也不能摊销，故在此建议增加原公路资产价值，并上报政府部门，通过定期调整车辆通行费收费标准，延长收费年限或由地方财政预算安排资金予以解决，否则将吃力不讨好或者说会自讨苦吃。

## 四、代购资产计价

在前些年公路建设过程中，由于对项目概算控制十分严格，加之对建设单位管理费概算标准偏低，还严防死守，造成建设单位在实际建设管理中需要的车辆、办公设备等必要的设备无法自行购置。部分单位就选择让施工单位或监理单位代购，资金由建设单位以工程款、监理费等名义拨入代购单位或垫付购车款，实际支付中扣回。在监理合同中明确规定，代购车辆属于建设单位为监理单位购置的车辆，车辆的所有权归业主，监理期满，车辆交回业主单位。该项业务在审计部门、重大项目稽查部门检查中被发现，要求纠正，并提出造成了监理单位与建设单位的账实不符，容易造成国有资产流失。

由于合同规定，车辆的所有权归业主，即车辆的行驶证必须开具业主单位，发票抬头也必须写业主单位；由于属于监理单位监理费的组成部分，监理单位拿到开具业主单位名称的购车发票无法进行账务处理，不进行账务处理已扣掉的监理费缺口又无法弥补。开具监理费发票，实为车辆，监理单位无法登记资产账，建设单位同样无法登记资产账，项目结束后只能以盘盈资产或者接受捐赠资产入账，但盘盈数量太大，似乎不合理，接受捐赠，捐赠方不愿出具任何手续，代购资产的计价入账问题成为公路建设单位财务管理和会计核算的一大难题，要做到手续齐全，程序规范，合规合矩的进行账务处理，保证账实相符需专家学者给出个高招。

## 五、调拨资产的计价

在企业集团管理体制下，由于公路建设、政府还贷公路运营管理、经营性公路经营管理、经营性公司管理、总部行政及后勤管理等职能于一身，管理的资产数量巨大，种类繁多，价值庞大，为了提高整个集团的资产及使用效率，充分发挥现有资产的作用，集团内部资产的调拨往往较为频繁，这给资产管理，特别是资产价值管理，保证账实相符带来了很大的困难。集团内部资产调拨业务主要有以下几种情况：

(1)从建设项目调入其他建设项目；

(2)从建设项目调入政府还贷公路运营管理单位；

(3)从建设项目调入经营性公路管理单位；

(4)从建设项目调入经营性公司；

(5)从建设项目调入总部机关；

(6)从政府还贷公路运营单位调入建设单位；

(7)从政府还贷公路运营单位调入其他政府还贷公路运营管理单位；

(8)从政府还贷公路运营管理单位调入经营性公路管理单位；

(9)从政府还贷公路运营管理单位调入经营性公司；

(10)从政府还贷公路运营管理单位调入总部机关。

由于集团内部资产调拨业务中，建设项目调入建设项目和政府还贷公路运营管理单位，政府还贷公路运营管理单位调入建设项目和其他政府还贷公路运营管理单位发生频次较高，其他方面频次较低，加之调入经营性公司视同变价处理，相对容易操作。

下面以从建设项目调入其他建设项目和政府还贷公路运营管理单位及从政府还贷运营管理单位调入建设项目和其他政府还贷公路运营管理单位为例分析研究调入调出单位的资产计价问题。

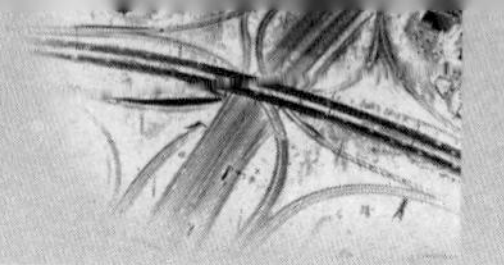



1. 建设项目调出资产的核算

建设项目资产绝大多数来源于概算批复的资金购置，若调出资产直接核减工程投资，就会造成工程投资账面数小于实际数，这种实际已经发生但账面反映减少的投资支出必须由资产调入单位或上级单位予以补偿，否则投资支出无故减少、资金去向不明，在工程竣工决算时将难以处理。若对已调出的资产不进行账务处理又会产生账实不符，财产清查时责任不明。为了恰当处理这一会计业务，笔者建议对调出的资产先办理交付使用手续，转入交付使用资产，通过调拨手续，核销交付使用资产财务，并建立详细的备查登记账簿，这样既不影响建设项目投资的真实、完整，又恰当的记录资产的去向，明确了管理责任。

2. 政府还贷公路运营管理单位调出资产的核算

政府还贷公路运营管理单位调出资产分为两种情况，一种调出原建设项目购置，以交付使用资产形式转运营账套的资产，这种情况可以直接核减资产账务，同时建立备查登记，注明资产去向。另一种情况是调出本单位在运营期购置的资产，账务处理除核销调出资产价值外，同时应核减上级拨入资金，以便对不需用或多于资产的调拨从财务会计方面予以反映，若属于不适用需要调整的资产，通过核减上级拨入资金，当年或者次年重新申请资产购置计划，易获得集团公司批准，也能够得到财政、审计、交通主管部门的认可。

3. 建设项目调入资产的核算

建设项目调入资产因与项目概算执行无关或关系不大，仅拥有资产的使用权，且建设项目建成交付使用时该资产要一并移交运营单位，故调入资产宜作固定资产入账，不应增加工程投资。这样调出方若为建设单位，原调出方未作核减工程投资处理，仅作交付使用资产减少处理，减少的资产在此予以增加，不影响合并报表资产数。调出方若为政府还贷公路运营单位，该单位在调出时同时作资产减少处理，也不影响合并报表的资产数。

4. 政府还贷公路运营管理单位调入资产的核算

分两种情况，一种从建设项目调入，直接增加资产；另一种从政府还贷公路运营管理单位调入，直接增加资产，同时增加上级拨入资金，便于上级单位在调整当年计划或下达下年计划时统筹考虑，减少此项计划数。

## 六、移交时多交或少交资产的计价

由于地方政府对公路管理体制、管理思路、管理政策的调整，经常会出现公路建设单位、公路运营单位撤销、合并等情况，在撤销、合并过程中必然会涉及到资产移交，在移交过程中，经常会遇到资产的多交少交现象。

1. 移交时多交资产的账务处理

公路建设项目资产一般不计提折旧，政府还贷运营公路资产一般也不计提折旧，所以在对多交资产账务处理时，可以不考虑折旧，以购置时的原始价值（市价均价）估价入账（如为车辆，查看行驶证上的日期），同时增加资本公积。资产日后管理按正常程序进行。

2. 移交时少交资产的账务处理

对建设项目而言，按少交资产的清单、账面记录，先转入交付使用资产，将其中的少交资产核减固定资产等，同时记“其他应收款—XX 单位”；尽量减少对工程概算投资的影响，若日后追回少交资产，也不影响工程投资数量。

对政府还贷公路运营单位而言，按少交资产的清单、账面记录，直接核减固定资产等，同时记“其他应收款—XX 单位”。

## 七、建设项目向运营单位移交并账的资产计价

建设项目在完成竣工决算批复之后，建设项目管理单位的使命即已完成，应将建设项目账套全部核销，并入运营单位账套。

建设项目账套与运营单位账套无论从会计制度、会计科目、会计报表还是财务管理与会计核算的体制、职责等均有非常大的差异，运营单位负有为建设项目贷款还本付息之职责，在集团公司管理体制下，若集团公司为一级法人，所属建设单位、运营单位均无法人资质，还本付息即成为集团公司总部的职责之一。在此条件下，建设项目向运营单位并账，必须以集团公司为纽带，三者有效结合方能达到各司其职、各尽所能的效果。

根据笔者多年的实际经验，采取如下方式将建设项目资产拆分，分别并入集团总部账套和所属运营单位账套可收到事半功倍之效。

因集团总部要承担建设项目还本付息的责任，建设项目全部贷款本金和对应的资产应并入集团总部运营账套，这样便于及时核算、核对

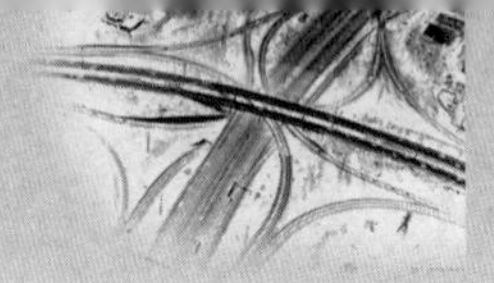




贷款利息并按期偿付，及时计算并归还贷款本金。贷款本金对应的资产应以大宗资产如公路路基、桥涵、隧道、路面等资产为主，尽量不要列入细小、日常难以监管的资产。

所属运营单位要承担原建设项目的债权债务清理、尾留工程结算等事项，涉及单位多，事项杂，运营单位管理人员大部分来源于原建设单位，情况比较熟悉，原建设项目的审批支付程序，经办人员易于落实，细小资产可以随时随地监管，故应将除贷款本金和对应的资产以外的全部资金来源和资金占用转入该运营单位(运营分公司机关)账套。同时，原建设项目的账套应全部无拆分地交集团总部和运营分公司备查，转入集团总部的账套数据应交一份给运营分公司备查，转入运营分公司的账套数据应交一份给集团公司备查，这样，建设项目管理单位、运营分公司、集团总部能够准确、全面地掌握相互拥有的会计信息，无论哪一方在会计处理方面出现问题，其他两方均可及时发现，便于及时纠正。

经过建设项目的账套拆分移交，建设项目账套数据全部为零。集团公司合并总部运营账套和运营分公司账套，可以完整地呈现原建设项目的账套数据，达到了拆而不乱，合而不错的目的。

公路资产计价问题涉及许多具体、复杂的问题，笔者仅对自己在实际工作中遇到、想到的问题进行宏观的、理论化的探讨，许多问题属新生事物，没有现成的制度、办法可以遵循，部分自己在实践中摸索的方法不一定科学，也不一定符合有关规定，期望专家、学者不吝赐教。

结论：公路资产计价应遵循全面、客观、真实原则。公路建设过程形成的全部公路资产应以公路概算投资为基础，按照历史成本全面计价，公路大中修等后续支出形成的公路资产应如实计入公路资产价值。运营公路资产计价必须考虑通行费收支和资金拨付往来情况，达到资产与资金相呼应，财务管理与会计核算相协调，预算管理与资产管理相统一的目标。

# 收费公路资产折旧问题研究

[摘　要]　本文通过对收费公路资产的概念、性质和特点,固定资产折旧的概念、作用和公路资产计提折旧现状分析,针对公路固定资产计提折旧存在的共性问题,政府还贷公路资产计提折旧存在的问题,经营性公路资产计提折旧存在的问题分析研究,特别是通过对某经营性公路"十一五"经营情况实证分析,得出了公路资产不应该计提折旧的结论。

[关键词]　收费公路　固定资产　折旧

## 一、问题的提出

收费公路资产折旧问题因收费公路的发展而变得越来越复杂,也越来越重要。《收费公路管理条例》把收费公路分为政府还贷公路与经营性公路,规定政府还贷公路收费的原则是还清贷款本息,经营性公路收费的原则是收回投资并有合理回报。《高速公路公司财务管理办法》将所有收费公路按经营性公路对待,两者之间存在原则性分歧。

按照法律法规制度体系的约束性,应该是《高速公路公司财务管理办法》服从于《收费公路管理条例》,但《收费公路管理条例》颁布实施后,《高速公路公司财务管理办法》一直没有修改,造成收费公路财务管理与会计核算在实际工作中许多问题无所适从。按《办法》执行,不符合《条例》规定;按《条例》执行,《办法》中没有明确相关内容,且《条例》不能作为财务会计政策制度直接引用。

收费公路资产折旧问题是收费公路财务管理与会计核算中遇到的最棘手问题之一。由于收费公路资产额巨大,特别是政府还贷公路资产额更为庞大,计提折旧额很大,而政府还贷公路的收入很低,往往不能覆盖贷款利息,若计提折旧,则会表现为巨额亏损,银行就不予发放贷款,直接影响政府还贷公路企业的生存与发展。各地政府还贷公路经营企业就采取少提、不提折旧的办法,为取得银行贷款做出符合贷款银行要求的会计报表。政府审计、财政部门按照财务会计制度要求,对该类企业下达没有执行财务会计制度的结论,造成收费公路管理单位

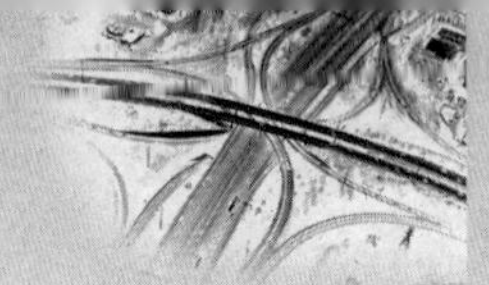

在财务会计上举步维艰,如履薄冰。

有必要对收费公路资产折旧问题进行认真研究。

## 二、收费公路资产的概念、性质和特点

1. 收费公路资产的概念

本文所称的收费公路资产是指政府还贷公路和经营性公路在建设期形成的,在公路运营、经营管理中拥有的全部固定资产,包括公路路基、桥梁、隧道、路面、交通工程、机电三大系统、绿化物,公路养护、收费、治超、路政、服务区、行政后勤管理各种房屋建筑物、设备、工具器具等公路概算投资,概算外投资、后续支出形成的全部固定资产。

2. 公路固定资产的性质

(1)公路是社会公共产品,具有基础性、先导性、公益性。

公路是社会公共产品,具有基础性、先导性、公益性。公路分免费公路和收费公路两大类,免费公路的基础性、公益性特点是明显的,因其等级低、路况差、数量少,无法发挥先导作用,相反成为社会发展的制约条件,具有导后作用。

(2)公路资产是国民经济必备资产,具有不可替代性。

公路运输业具有点对点、门对门的特点,是航空运输、铁路运输、水路运输必须依存的运输方式。没有公路运输,航空、铁路、水路运输将无法发挥作用。在航空、铁路、水路运输不能覆盖的区域,公路运输成为唯一的运输方式,也就是说,公路运输是国民经济必备的运输方式,公路资产是国民经济必备的资产。

(3)公路项目建设具有政府指令性,实行政府计划管理。

无论公路建设资金来源于政府财政还是民间资本或者银行贷款等其他资金,所有公路建设项目的预可研、工可研、初步设计、施工图设计都必须取得政府发展改革部门或交通主管部门的批复,部分项目业务必须取得政府国土资源、环境保护、文物、林业、水利、水保、地震等有关部门批复,所有公路建设项目的建设必须列入地方国民经济和社会发展计划,公路建设计划明确了公路建设的起止时间、建设规模、建设标准、建设投资及其构成等,公路建设具有政府指令性,是政府行为,非企业行为。

(4)收费公路具有特许经营性和法定期限性。

因收费公路是解决财政资金不足而设立的,收费条件是以公路收

费权为质押取得银行贷款或者将收费权转让取得民间资金。公路收费是政府在特定期限内对特定公路的特定政策,公路收费行为是政府特许行为,具有法定的起止期限。所有公路建设完成后,必须进行交工验收才能投入运营。公路运营的起止时间、收费标准、收费车道数量、收费与管理人员编制等必须由省级人民政府批复,这是公路特许经营特点和法定期限特点的具体体现。

与公路寿命比,这一期限很短暂,一般为15~20年,最长不超过30年。收费期届满或者收费期未满已收回贷款本息,将停止收费,无偿移交政府按免费公路管理。

(5)政府还贷公路收费运营具有政府指导性,实行政府预算管理。

政府还贷公路通行费属于国务院认定的行政事业性收费,免交各项税金。

政府还贷公路通行费实行政府财政预算管理,由省级政府部门下达当年的通行费收支预算,按照"以收定支,收支平衡"的原则编制、审批。

政府还贷公路通行费,实行财政收支两条线管理,通行费收入当日上解到省级财政专户,通行费支出按月由政府财政部门按照批复预算拨付公路运营管理单位。

政府还贷公路运营管理单位的业务行为属行政事业行为,非企业行为。

3. 公路固定资产的特点

(1)公路投资大,服务期限长。

公路投资大小与公路技术等级、地形地貌、地质结构、经济发展水平等有密切关系。一般而言,平原微丘区双向四车道高速公路每公里投资约4 000万元,山岭重丘区约8 000万元。桥梁投资约为道路的3倍,隧道为5倍。

公路服务期限与公路寿命基本相同,公路寿命与土地寿命相同,公路基本不存在报废和寿终正寝问题。

由于公路投资大,政府财政没有足够财力全面解决全国范围内几十年来的公路交通投资欠账问题,国家就出台了"贷款修路、收费还贷"政策,让非财政资金投资公路建设,通过收取车辆通行费来实现非财政资金的回收、取得回报,收费公路应运而生。

(2)公路投资回收期长且不确定。

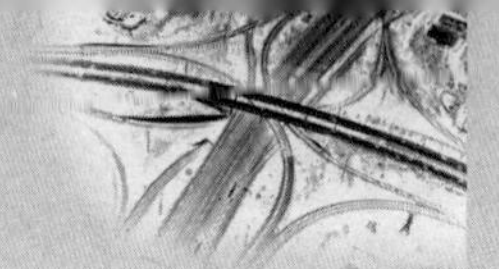



俗话说:修路架桥是造福子孙万代的大事。

能够造福子孙万代的工程,首先说明公路使用寿命很长,使用寿命很长,就要求公路建造质量必须很高。建造质量高,建设投资自然就很大,建设投资大,后续支出相应也会很大。投资大,投资回收期自然就很长。国外许多收费公路期限为 99 年、100 年,99 年、100 年后只是停止收费而不是将公路报废。这充分证明公路使用寿命很长,投资回收期很长。

受地区经济发展水平、消费水平、物价水平、车流量大小、自然灾害影响,同时受与收费公路平行的免费公路的影响,公路投资回收期具有波动性和不确定性。

(3)公路投资成本和公路后续支出与经济效益成反比、与社会效益成正比。

一般而言,公路投资成本和公路后续支出与经济效益成反比、与社会效益成正比。

公路投资成本取决于公路的技术等级、技术标准,公路线路所经过区域的地形、地质、水文等条件。公路技术等级、技术标准越高,投资成本越大;公路线路所经过区域的地形、地质、水文等条件越复杂,投资成本越大,公路后续支出包括公路日常运营管理支出、公路大中修支出、收费站改扩建支出、收费系统升级改造支出、治超站点建设支出、水毁抢修支出、开办费支出、服务区支出、还本支出、付息支出等与公路投资成本成正比。

公路投资的经济效益取决于公路通车运营之后的车流量和收费标准。在收费标准确定的情况下,主要取决于车流量。在公路技术等级和技术标准相同的条件下,公路投资越大,说明公路线路所经过区域的地形、地质、水文等条件越复杂,车流量越小,经济效益越差。公路投资越小,说明公路线路所经过区域的地形、地质、水文等条件越好,车流量越大,经济效益越好。

公路投资的社会效益主要是指公路带动相关产业发展的效益。公路通车运营前后相比,农业、工业、商业、物流业、房地产业、旅游业、服务业等各行各业均有显著发展,表现为地区经济的普遍繁荣和各类市场的空前活跃。地形、地质、水文条件越复杂的地区这种反差越显著、社会效益越显著,也就是说,公路投资成本与社会效益成正比。

由于社会资本的趋利性,经济效益差,社会效益大的公路项目社会资本不愿进入,这部分公路的建设和运营管理只能留给政府。政府全部投资有困难,就由财政投资部分资本金,其他建设资金通过银行贷款方式解决,以收取车辆通行费归还银行贷款本息,这就是政府还贷公路。地形、地质、水文条件好、车流量大的公路项目能够确保民间资本投资的收回并取得理想的回报,纷纷被民间资本拥有者揽到怀中,这就是经营性公路。

由于公路投资回收期长,加上还有不确定性,为了吸引民间资本,政府还特许经营性公路收费标准可以高于政府还贷公路,收费期限比政府还贷公路长10年。

(4)公路投资效益具有滞后性和稳定增长性。

我国《公路工程技术标准》(JTGB01—2003)规定:高速公路和具干线功能的一级公路的设计交通量应按20年预测。这意味着收费公路在设计上满足的是该地区未来20年的交通量需求。因此高速公路和具干线功能的一级公路在建成初期几年内,一般表现为通行能力相对闲置,公路投资效益在通车初期表现为相对较低。随着通车时间的递延、交通量在不断增加,公路投资效益逐步提升,一般不会出现当年交通量小于上年,公路收支效益低于上年的情况。

(5)公路经营单位的代位性、资产转移性。

公路经营单位管理的公路资产所有权属于国家、属于地方人民政府,不属于公路经营单位。在政府特许授权的时间范围内,公路经营单位代政府管理和经营公路,是公路资产的管家,不是股东。在政府特许授权的经营期结束后,公路经营单位必须无偿将公路资产移交政府。

(6)政府还贷公路的非营利性。

《收费公路管理条例》第十一条规定:建设和管理政府还贷公路,应当按照政事分开的原则,依法设立专门的不以营利为目的的法人组织。政府还贷公路通行费收费标准就是按照扣除必要的养管经费后全部用于归还贷款、有偿集资款本息。无论是否到期,偿还完贷款本息即停止收费,无论是否偿还完贷款本息,收费期限届满必须停止收费。政府还贷公路通行费实行财政预算管理、财政收支两条线管理,政府可以控制政府还贷公路经营单位的收费管理行为、还本付息行为。政府从对政府还贷公路收费标准、收费期限、日常收支行为、机构编制人员控制、届满移交等方面,从政府还贷公路的诞生开始、到过程控制、到结果控制,全过程全方位予以监管,确保了政府还贷公路非营利目标的实现。

从这一特点可以看出，政府还贷公路运营管理单位没有企业行为，不具备企业属性。

## 三、固定资产折旧的概念、作用和公路资产计提折旧现状

1. 固定资产折旧的概念

固定资产的折旧是指固定资产在使用过程中，逐渐损耗而消失的那部分价值。固定资产损耗的这部分价值，应当在固定资产的有效使用年限内进行分摊，形成折旧费用，计入各期成本。折旧，是指在固定资产使用寿命内，按照确定的方法对应计提折旧额进行系统分摊。

2. 固定资产折旧的作用

折旧在财务管理上有三个作用：

其一，抵减当期利润，减少纳税所得额；

其二，投资成本货币形式的回收；

其三，确保资产价值完整，为资产重置提供资金来源。

3. 公路资产计提折旧制度规定

《高速公路公司财务管理办法》(财工字(1997)59 号)第二条，本办法适用于设立在中华人民共和国境内的所有从事高速公路(含独立的大桥和隧道)经营(含建设)的公司。从事除高速公路以外公路经营活动的公司也适用本办法。第二十七条，公司下列固定资产计提折旧：公路及构筑物，安全、通讯、监控、收费、机械设施，车辆，房屋及建筑物，仪器仪表，非生产用设备及器具，融资租入和以经营租赁方式租出的固定资产，季节性停用和修理停用的固定资产。下列固定资产不计提折旧：房屋及建筑物以外的未使用、不需用固定资产；以经营租赁方式租入的固定资产；已提足折旧继续使用的固定资产和提前报废的固定资产；破产、关停企业的固定资产以及以前已经估价单独入账的土地等。

4. 公路资产计提折旧现状

目前，按照本办法，经营性公路固定资产全部按规定计提折旧；政府还贷公路固定资产，按照事业单位管理的，全部不计提折旧；按照企业管理的，部分企业计提折旧，部分企业不计提折旧；在计提折旧的企业中，部分资产计提折旧，部分资产不计提折旧，全国范围内比较混乱。

## 四、公路固定资产计提折旧共性问题研究

1. 收费公路产生的背景和贷款主体分析

20世纪80年代,我国实施“贷款修路,收费还贷”政策,其出发点并非是直接引进银行信贷资金,而是引进民间资金、包括引进外资。由于公路建设投资巨大,特别是在建设期2~3年内资金需求量巨大,民间资金、外资短时间内很难筹足所需的建设资金及受让公路资产资金。为了满足协议出资要求,受让方收费公路经营企业以受让公路资产的收费权作质押,在银行取得贷款,以贷款资金支付工程建设投资、缴纳转让费,“贷款修路、收费还贷”政策得以出台、巩固和推广。这时的贷款主体全部是企业,是真真正正能够自主经营、自负盈亏的企业,不是政府,也不是政府的替身,政府不承担任何贷款风险和债务负担;这时的“收费”主体,全部为企业,属于企业经营行为,要依法照章纳税。

由于社会资本的逐利性,对于投资少、经济效益好,收费期内能够收回投资并能获得理想回报的收费公路项目,经营企业愿意投资。而对投资额大,经济效益差,收费期内不能收回投资或者不能获得理想回报的收费公路项目,经营企业则不予投资。

修路架桥,改善人民群众的出行条件,改善投资环境、促进地区经济发展是各级政府义不容辞的职责。经营企业投资,路要修,经营企业不投资,路还得修。比照经营企业投资公路行业的做法,各地政府就自己成立公路经营企业,由该企业“贷款修路,收费还贷”。

这时各地政府成立的无论是高管局、高速集团,还是高速公路开发公司、高速公路建设管理公司,全部是政府的替身和融资平台,公司的注册资金全部来源于政府,没有一分钱的民间资本,属纯国有企业。其公路项目建设完全执行政府下达的计划,通行费实行财政收支两条线管理和财政预算管理,无须缴纳任何税金。这种形式的企业没有企业的自身利益,相比利用民间资本的经营公司,更容易贯彻政府意图,更容易发挥公路的基础性、先导性、公益性作用,对所管理的政府还贷公路的非营利性可以不折不扣的落实。

这时“贷款”主体部分为政府部门,部分为政府融资平台公司,实际上还是政府。这时无论贷款主体经营的收费公路项目效益有多差,银行还是积极放贷(当然效益再差的路,财务状况再不良好的政府融资平台公司,银行、企业在提供评审资料和会计报表时还必须能过关),因为有政府信用和政府指定企业担保,有公路收费权作质押,有政府交通规定兜底!

这时“收费”主体就是政府融资平台公司,收费行为是在政府各相关部门,社会大众的严格监管下进行。

2. 从企业所得税法角度看

中华人民共和国国务院令第512号,《中华人民共和国企业所得税法实施条例》第三十八条规定:企业发生的支出应当区分收益性支出和资本性支出,收益性支出在发生当期直接扣除;资本性支出应当分期扣除或者计入有关资产成本,不得在发生当期直接扣除。企业的不征税收入用于支出所形成的费用或者财产,不得扣除或者计算对应的折旧、摊销扣除。除企业所得税法和本条例另有规定外,企业实际发生的成本、费用、税金、损失和其他支出,不得重复扣除。

依据本条例,政府还贷公路资产收入属于不征税收入,若计算企业所得税,不得扣除对应的折旧;公路资产折旧与公路日常养护、公路大中修支出属于重复计算的支出,若计算企业所得税,不得重复扣除。

3. 从公路固定资产的使用寿命看

公路资产的使用寿命较长,几乎与土地使用寿命相同。从折旧政策上讲,不应该或无法对使用寿命很长且无法确定的资产计提折旧,对应计提折旧额进行系统分摊的时间(年限)基础不确定,采用任何方法计提折旧都是不科学的,财务制度规定土地不计提折旧,与此有相似之处。

4. 从公路固定资产价值完整和重置资金来源角度看

公路固定资产在建成投入运营后,每年必须有一定的小修保养和日常养护资金投入,每年必须预留部分水毁抢修资金,每隔一定的运营年限,必须对公路进行中修工程和大修工程,确保公路始终处于"畅、洁、绿、美、安"状态。公路日常养护、公路大中修工程确保了公路资产价值完整,确保了公路一直处于良好状态而无须重置。无须重置即无须设立重置资金来源,无须对公路资产提取折旧。若对公路资产提取折旧,就是对公路运营、经营成本的重复确认,也是利用折旧政策为公路经营单位设立了一项来源于公路,无须用于公路的闲置资金。

5. 从公路资产的所有权角度看

公路资产的所有权属于国家,使用权属于全社会,经营权暂时属于企业。

如果公路资产全部由国家投资,公路运营所需全部资金由国家财政拨款,即不存在公路经营问题,不存在对公路资产计提折旧问题。

《高速公路公司财务管理办法》第二十七条,下列固定资产不计提折旧:包括以经营租赁方式租入的固定资产,对于所有权属于国家,经营权暂时属于企业的经营性公路而言,经营性公路资产应属于以经营租赁方式租入的固定资产,不应计提折旧。

## 五、政府还贷公路固定资产折旧问题研究

1. 从政府还贷公路的非营利性和财政预算管理角度看

由于政府还贷公路具有非营利性,通行费属于财政预算资金,其运营管理按照财政收支两条线和财政预算管理,无须交纳各种税金。公路资产计提折旧抵减当期利润、减少缴纳所得税的作用无法发挥;政府还贷公路收取通行费是为了偿还贷款本息,没有考虑项目资本金的回收问题,不是公路资产投资成本的收回,无须计提折旧,同样不存在公路资产价值完整和为重置提供资金来源问题,无须计提折旧。

2. 从政府还贷公路的职责看

政府还贷公路的职责是替政府融资搞公路建设、公路建成后替政府归还贷款本息。政府还贷公路管理单位被国家审计署、中国银行业监督管理委员会认定为政府融资平台公司。

支撑政府还贷公路收费的依据是由于公路建设中使用了贷款资金,没有贷款资金就不存在“贷款修路,收费还贷”的做法。归还贷款本息资金的多少取决于当期净利润的多少。如果对公路资产计提折旧,会抵减当期利润,导致还贷资金减少,这与收费还贷政策背道而驰。

3. 从政府还贷公路经营企业贷款融资角度看

政府还贷公路经营企业是我国公路建设发展的产物,是中国特有的企业形式,它完全是属于政府的替身,是政府在公路建设中设立的融资平台。

政府还贷公路经营企业的第一大任务就是融资。对国网高速而言,国家车辆购置税返还(约占公路建设概算投资15%左右)为国家资本金投入,还有20%左右为省级政府资本金投入,其余65%全部为银行贷款。实际上省级政府资本金往往很难到位,也就是说,国网高速公路建设投资中85%左右为银行贷款。省网高速公路建设投资几乎100%来自银行贷款。

银行作为企业,贷款是要求有回报的,要求贷款风险最低。为了达到贷款风险最低,确保收回贷款本息,银行要求借款人必须具有良好的财务状况和经营状况。政府还贷公路经营企业作为政府指定的政府还

贷公路建设主体,也是公路项目贷款主体,同时是贷款还本付息的责任主体,如果对所管理的公路资产计提折旧,企业将面临巨额亏损,银行将不予发放贷款,作为政府融资平台公司的使命就没有完成,政府赋予的公路建设职责将难以履行,公司将失去存在的价值。

从以上分析可以看出,政府还贷公路经营企业是政府融资平台公司,执行的是政府计划、预算,贯彻的是政府意愿、意图,没有企业行为,不具备企业特征,是中国特定历史时期的特定产物,是一种企企有别、企事有异、政企不分的典型代表。该类企业名义上是企业,实际上是事业、部分业务如路政、治超执法还兼有行政职能。我国目前尚未出台关于此类企业的财务会计制度,实际工作中,许多单位比照《公路经营企业会计制度》执行,但在实践中许多业务无法执行该制度,只好就驴下坡,各自行事。




## 六、经营性公路资产折旧问题

1. 经营性公路资产与政府还贷公路资产比较

经营性公路资产与政府还贷公路资产最大的不同就是前者经济效益大于后者,而社会效益小于后者,两者的综合效益应该基本相当。

与政府还贷公路相比,经营性公路具有以下显著特点。

(1)公路建设投资相对较低,公路转让成本相对较小,公路后续支出相对较少。

(2)车流量相对较大、收费标准相对较高,收费期限相对较长。

(3)通行费不实行财政预算管理,不执行财政收支两条线政策。

(4)具有盈利特性,通行费收入非行政事业性收费,须照章交纳各项税费。

经营性公路的上述四个特点表明:经营性公路具有良好的经济效益,受政府监管力度小,主要按照市场规律,是完全意义上的企业行为。

认真分析研究,经营性公路的企业行为严重侵害了公路的公益特性,政府特许经营性公路收费标准高、收费期限长,放松甚至放弃监管,助长了经营性公路管理企业对公路公益性的破坏和对人民群众利益的践踏,已经引起全社会对收费公路行业的强烈不满。国家审计署公布首都机场高速公路,京石高速的收费情况后,全社会普遍认为高速公路是“高价公路”,公路行业是“暴利行业”。首都机场高速公路、京石高速公路属于国家级极品高速公路,在中国独一无二。如同比尔 · 盖茨

是美国首富,就说美国人都像比尔·盖茨一样富有一样。2011 年元月,河南"天价过路费"事件的主角,中原高速公路股份有限公司平顶山分公司就是管理经营性公路的上市公司,不是政府还贷公路公司,社会上责骂公路的公益性哪去了,实际是没有分清收费公路的性质和主体。让以盈利为目的的企业搞公益,能办到吗?

不公正,有违公路基本属性的收费公路政策让全体公路人背上了黑锅。而同样是不公正,有违公路基本属性的折旧政策人们还尚未意识到。

2. 从公路的社会公共产品属性看

按照社会公共产品的公益性要求,具有社会公益属性的公路资产不能经营,不能营利,不能计提折旧。

3. 从公路的特许经营和法定期限性看

根据公路的特许经营和法定期限性,经营性公路的收费标准确定是按照在法定的经营期内,收回投资并取得合理回报。极大的车流量,较高的收费标准,较长的收费年限已足以确保在收回投资并收取合理回报,折旧政策的运用可能是制定收费政策时,没有考虑的因素,但它符合企业财务会计政策。这种通过成本费用的重复列计使得公路经营企业在并未投资的情况下获取回报,当然会促成经营性公路管理者获得高额的不合理回报,是国家从财务会计政策方面给予经营性公路管理者的优惠。四种优惠政策的叠加,成就了许多"高价公路",成就了"暴利企业"。

4. 从折旧在财务管理上的作用看

其一,折旧为了确保资产价值完整,为资产重置提供资金来源。

经营性公路资产无须重置,更无须由阶段性管理的公路经营企业重置,此条说明:经营性公路资产无须计提折旧。

其二,投资成本的货币回收形式。

前已述及,公路投资成本已通过收费政策确保成本的货币回收,若再运用折旧政策,必将出现成本的重复回收现象。

其三,抵减当期利润,减少纳税所得额。

这是公路经营企业最为关心的,因其有实实在在的现金流出。不合理的折旧政策的运用,使经营性公路管理者能够合法地抵减当期利润,抵减纳税所得额,抵减应缴所得税,造成国家税收流失、暴利企业诞生。换句话说:经营性公路资产计提折旧是经营性公路管理企业调节

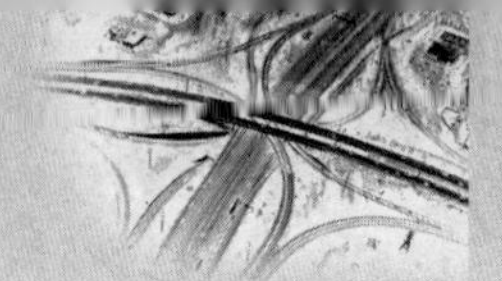

应纳税所得额，赚取利润的法宝，是吞噬国家资产的罪魁祸首。

5. 从某经营性公路“十一五”经营情况实证分析

以下是某经营性公路公司 2006 ~ 2010 年经营资料。

XX 经营性公路 2006 ~ 2010 年通行费收支情况表（单位：万元）

| 项目 \ 年度 | 2006 | 2007 | 2008 | 2009 | 2010 | 合计 | 支出比重（%） | 备注 |
|---|---|---|---|---|---|---|---|---|
| 通行费收入 | 13 523.57 | 13 627.82 | 13 460.75 | 18 545.23 | 22 306.61 | 81 463.98 | | |
| 通行费支出 | 10 765.81 | 12 061.35 | 10 165.32 | 11 706.14 | 13 339.69 | 58 038.31 | 100.00 | |
| 其中：1. 资本性支出 | 1 440.00 | 1 440.00 | 760.00 | 1 440.00 | 1 440.00 | 6 520.00 | 11.23 | |
| 2. 运营支出 | 3 945.80 | 5 447.62 | 3 951.77 | 3 819.93 | 4 639.55 | 21 804.67 | 37.57 | |
| 3. 财务费用 | 1 503.39 | 1 151.03 | 935.72 | 647.80 | 606.89 | 4 844.83 | 8.35 | |
| 4. 固定资产折旧 | 3 254.09 | 3 289.76 | 3 367.81 | 3 457.17 | 3 601.36 | 16 970.19 | 29.24 | |
| 5. 所得税 | 622.53 | 732.94 | 1 150.02 | 2 341.24 | 3 051.89 | 7 898.62 | 13.61 | |

①通行费收入分析。从 2006 年到 2010 年，该经营性公路通行费收入呈现明显的递增趋势，年增幅分别达到 104.25 万元、-167.07 万元、5 084.48 万元、3 761.38 万元，累计增幅 8 783.04 万元，年均增幅 2 195.76万元，增长率分别为0.77%、-1.23%、37.8%、20.3%，年均增长 14.41%，表现出公路效益的稳步增长性。

②通行费支出分析。从 2006 年到 2010 年，该经营性公路通行费支出呈现相对较低增长状态，年增幅分别达到 1 295.54 万元、-1 896.03万元、1 540.82 万元、1 633.55 万元，累计增幅 2 573.88 万元，年均增幅 643.47 万元，增长率分别为 12.03%、-15.72%、15.16%、13.95%，年均增长 6.36%，比通行费收入增长率低 8.03%，表现出经营性公路具有良好的经济效益。

在通行费支出的五个构成部分中，现金支出占 59.53%，非现金支出占 40.47%；在现金支出中，财务费用（利息支出）占 14.03%，运营支出占 63.61%，所得税占 22.86%，说明该经营性公路偿还贷款利息已成为其次要的支出任务。“十一五”期间，该公司财务费用占通行费收入的 5.95%，这与政府还贷公路收费还贷率不低于 70% 相差 64.05%，即为政府还贷公路的近十二分之一，从收回投资并取得合理回报的角度看，该经营性公路已基本达到目的。

③资本性支出分析。2006～2010 年，该经营性公路的资本性支出基本维持一个数字，说明该支出不是实际发生的支出而是按照一定标准计提数，经了解为预提的大修理费用。十一五期间，该公司累计计提大修理费用 6 520 万元，占全部支出 11.23%。

④运营支出分析。2006～2010 年，该公司运营支出累计达到 21 804.67万元，占全部通行费支出 37.57%，年均支出 4 360.91 万元，是该经营性公路通行费支出的主要构成部分。

⑤财务费用分析。2006～2010 年，该公司财务费用支出在逐年下降，降幅分别为 352.36 万元、215.31 万元、287.92 万元、40.91 万元累计降幅为 896.5 万元，年均下降 179.3 万元。各年下降率分别为 23.44%、18.71%、30.77%、6.32%，年均降率 19.81%，说明公司贷款本金在逐年减少，还本付息越来越成为公司的次要任务。

⑥固定资产折旧分析。2006～2010 年，该公司固定资产折旧支出累计达到 16 970.19 万元，占全部通行费支出 29.24%，年均支出 3 394.04万元，是公司的第二大支出，也是公司的第一大现金储备库。

⑦所得税分析。2006～2010 年，该公司所得税支出累计达到 7 898.62万元，占全部通行费支出 13.61%，年均支出 1 579.72 万元，据此推算，公司“十一五”期间分别获利 1 886.45 万元、2 221.03 万元、4 604.08万元、9 364.96 万元、12 207.56 万元，累计获利 30 284.08 万元。若将该公司计提的非现金支出大修理费用和折旧费用剔除，则分别获利 6 580.54 万元、6 950.79 万元、8 731.89 万元、14 262.13 万元、17 248.92 万元，五年累计获利 53 774.27 万元，已远远超出了该公路的建设成本 11 700 万元，该经营性公路尚有 10 余年的收费期。

由于大修理费用、折旧费用的计提，导致该公司五年内分别少缴所得税 1 549.05 万元、1 560.82 万元、1 031.95 万元、1 224.29 万元、1 260.34 万元，五年累计少缴所得税 6 626.45 万元。也就是说，由于折旧政策的作用，该经营性公路将应由国家分享的收益据为己有，将不必要的负担转嫁到老百姓头上，让整个收费公路行业背上了“暴利行业”的黑锅，成为影响收费公路行业、影响公路行业持续、健康发展的罪魁祸首。

以上论述表明，必须禁止经营性公路企业提取公路资产折旧。

## 七、结论

所有公路资产均不能提取固定资产折旧。

# 公路交通科研单位的特点及收入影响因素分析

[摘　要]　本文通过对科研单位的划分及体制特点、公路交通科研单位的特点、公路交通科研单位收入的类别、收入影响因素分析，提出应牢牢抓住合同管理这个关键，不断地分析和总结其规律性，努力克服主客观因素造成的不利影响，将合同到账情况与课题组人员的利益挂钩，减少这些消极因素造成的损失，促进公路交通科研单位的收入管理工作走上新台阶。

[关键词]　公路交通科研单位　收入　因素分析

## 一、科研单位的划分及体制特点

20世纪80年代初期，我国进行了科技拨款制度改革，按当时各科研单位业务活动的特点、性质，横向技术服务创收能力的大小，将由国家投资、各级政府部门创办的科研单位分为基础型、公益型、应用型和开发型四种类型。与此同时，对各科研单位的预算管理方式及经费拨款渠道做了相应的改革。在预算管理方式上，将基础型和公益型科研单位人按全额预算单位管理，而将应用型和开发型由以前的全额预算单位改为差额预算管理。对于公路交通类科研单位，大部分地区都划入开发类型，即变为差额预算管理，还有一小部分地区划入公益类型，仍属全额预算单位。

在经费拨款渠道上，将原来由各业务主管部门管理的科学事业费统一划归科技主管部门管理，除此之外，其他各项管理权限仍归原业务主管部门。也就是说，现行科研单位的财务管理受业务主管部门和科技主管部门的双重领导。

## 二、公路交通科研单位的特点

1. 科研单位的共同特点

(1)知识密集型单位。知识分子多，不相容因素多，专业性强，相互沟通困难，协作性差。

(2)科研单位的创新性强，风险大，点多、面广，重复性小，规律性差。

(3)因其独创性，科技产品的成本、价格可比性较差；科技产品更新换代快，产量极小，单价相对较高。

(4)由于科研工作的创新性强，科技成果一旦转化成现实生产力，能产生出巨大的经济效益和社会效益。

(5)资产使用率低，单位资产价值较大。专业性强导致资产使用效率低，创新性强，要求资产较全、价值较大，较先进。

2.公路交通科研单位的特点

(1)公路交通行业属于国民经济基础性行业，投资大，周期长，见效慢，社会效益显著；而经济效益，特别是短期经济效益较小，这就决定了公路交通科研单位也带有明显的基础性、公益型、先导性等特点。

(2)公路交通科研单位收入存在不可预测性。

(3)公路交通科研单位支出较难控制。

(4)公路交通科研单位债权债务较难清理。

(5)公路交通科研单位受政府行业制约较多。



## 三、公路交通科研单位收入影响因素

公路交通科研单位的业务收入主要来源于政府投入、纵向研究课题拨款、横向技术服务创收三方面，但目前这三者均不同程度地存在不可预测性。

1.政府投入

随着科技体制改革的加快和深化，政府投入(财政补助收入)的金额和方式也在进行不断的改革和调整。

首先是由于政府预算下达较晚，科技主管部门年初尚不知划拨到科技口的资金总量，各科研单位当然无法进行预算。

其次是由于拨款方式的改革，如专项购置经费的拨付，往年采用单位报计划，科技主管部门根据单位计划，采取定额补助方式，今年则采取根据各单位所报项目的质量，效益及采用的管理体制，竞争专项购置经费。

第三，由于社会保险事项的出现，住房改革、医疗改革等因素的影响，造成了财政拨款中应扣款项的不确定性，导致单位实际收到财政拨款数额的不确定性。

2. 纵向研究经费拨款

新的科研管理体制对纵向研究课题采用单位审报，主管部门评审。由于参与申报的单位较多，竞争性较强，相应地，纵向研究经费拨款的不确定性也在增加。同时，新的拨款方式采用了经费的有偿使用和部分返还机制，给纵向研究经费收入确定增加了困难。

3. 横向技术服务创收

横向技术服务能力与效益是划分开发所与其他类型研究所的重要依据之一，也是各开发所型科研院所生存和发展的根本保证。而由于行业、地域等因素的影响，各地区、各行业的开发所横向技术服务能力与效益差别较大。同一地区不同行业的开发所创收能力基本没有可比性；同一行业在不同地区的开发所创收能力也缺乏可比性，这与人们共识的东西部地区差距基本一致的。这其中的原因较多，如各地政府对科研单位的重视程度与支持力度不同，各地政府对科研单位的管理体制与运营方式不同，各科研单位对市场与创收的认识、经验不同等，均影响到科研单位自身的创收能力。

开发所面向市场的广度与深度，市场本身的开放度与吸纳度等均直接影响和制约着各所的横向技术服务收入。

随着《招标法》的颁布实施，那些面向经济建设的大众型投资项目均受到《招标法》的规范，其中的投标、中标、投标保证金、履约保证金等以前在科研单位闻所未闻的这些新生事物不断涌现，使投标活动加大了公路交通科研单位创收的风险性及不可预测性。

由于许多客观原因，公路交通科研单位先干活后签合同的事项经常出现，有的甚至是工程已完工而合同尚未签订。这主要是指科研单位从事的技术性强、科技含量较高，能及时解决生产、建设等随机出现的质量或其他问题的项目，但建设工程本身总合同（或计划）早已签订和安排，这也是科研单位横向技术服务收入无法及时、准确确定的重要原因之一。

由于国家对工程质量的高度重视，工程项目的保留金和尾款基本已成为“法定”的经济事项，大多数工程项目在按工程进度拨付工程款时，都扣除了5% ~10%的保留金（或预留尾款），待工程完工运行一年后，再行支付。而从目前情况看，保留金能及时收回的非常少，许多单位经常以种种理由予以拒付，这是造成横向收入不确定的另一重要原因。

建设工程，特别是公路建设工程，工期长，投资大，参加建设的单位多，属于国道主干线工程的施工单位基本都是全国范围内招标产生的，成分较为复杂。与科研单位打交道的单位非常多，许多单位都属于一次性交往，工程完工后，施工单位全部搬走，日后较难找到，这对工程款、服务费的催收造成很大困难，而施工期内建设单位又没有给足施工单位应得的款额（除保留金外，正常的工程款亦不能按期得到），这加剧了科研单位横向服务收入的不确定性。

通过以上分析可以看出，由于公路交通科研单位有着不同与其他企事业单位的显著特点，其管理工作应紧紧抓住这些特点，制订出适合公路交通科研单位自身实际的管理办法和措施，才能搞好管理工作。而对于公路交通科研单位的收支管理来说，应牢牢抓住合同管理这个关键，不断地分析和总结其规律性，努力克服主客观因素造成的不利影响，将合同到账情况与课题组人员的利益挂钩，就会减少这些消极因素造成的损失，是公路交通科研单位的管理工作切实、有效。

（本文发表在《陕西交通会计》2000 年第 3 期）

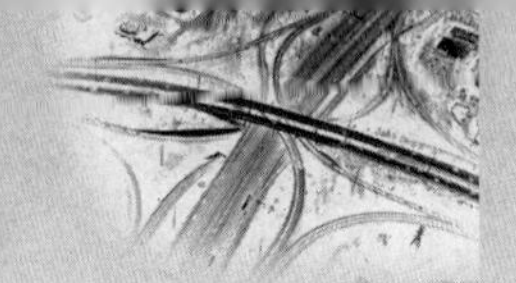



# 高速公路企业降低资金成本的途径和措施探讨

[摘　要]　本文通过对高速公路企业资金流转的途径分析,提出了在内部筹资、对外部筹资、资金拨付、资金使用、资金结余等方面降低资金成本的具体措施。

[关键词]　降低资金成本　途径　措施

交通建设与运营资金需求量大,时间要求紧,若不能及时足额筹集、拨付所需资金,就会影响工程建设和运营管理工作,若一味满足建设运营资金需要,可能会造成较大的资金浪费。

为了达到既满足需要,又不造成资金沉淀、浪费的目标,我们针对建设、运营资金周转和循环的特点,分析研究了资金筹措、拨付、使用、结余等环节的规律,探索出了一条适合单位特点、适合公路建设项目特点、适合公路运营管理特点,适合行政后勤管理特点,既能满足资金需要,又能有效降低资金成本的途径,实施了一系列行之有效的措施。

## 一、降低资金成本的途径

公路建设和运营资金管理涉及资金筹措、资金拨付、资金使用、资金结余等多个环节,每一个环节又涉及了多个方面内容。

1. 资金筹措降低成本途径,包括外部资金筹措和内部资金筹措

外部资金筹措包括项目资本金筹措、运营资金返还筹措、贷款资金筹措、其他资金筹措;其他资金包括投标保证金、信誉担保金等。内部资金筹措包括应收及预付类资金筹措、履约保证金、质量保证金、农民工资保证金类资金筹措、增收节支类资金筹措、资金结余调剂使用类资金筹措。

2. 资金拨付、支付降低资金成本的途径

资金拨付途径包括:建设资金拨付、运营资金拨付、还本付息资金拨付、行政资金拨付、后勤资金拨付。

3. 资金使用环节降低资金成本途径

资金使用途径包括:用途、时间、条件、过程、结果等。

4. 资金结余环节降低资金成本途径

这包括旬、月、季、年末资金结余。

## 二、降低资金成本的措施

1. 资金筹措方面的措施

(1)项目资本金。

项目资本金是建设项目资金由中央政府和省级人民政府按规定拨付的资金,具有无偿性、无须归还,是建设项目贷款资金到位的前提和先决条件。基本措施是多申请早到位,这样可以减少贷款利息,节约资金成本。

(2)运营资金返还。

按规定将收返的通行费收入、路政收入上解到省级财政专户,再由财政部门按预算按月返还给收费管理单位。基本措施是申请协调及早返还,减少扣除。即在最早时间将每月应该返还的收入申请到账,同时对其中应扣除的撤站还贷平衡资金(为收入的5%)申请按季扣除或按年扣除。无息资金早用、多用就是有息贷款的晚用、少用,从而可以降低资金成本。

(3)贷款筹资。

首先是确定贷款的筹资意向,在有多家银行同时愿意提供贷款资金的情况下,按照货比三家的原则,在对各银行贷款额度、贷款期限、贷款利率、贷款用途等多方面综合比较后,参考同类企业的贷款状况选择一家条件最优、成本最低的银行确定贷款意向,提交董事会研究。董事会研究同意后签订贷款合同,并积极落实董事会决议要求,将集团贷款政策向其他银行宣传讲解,迫使其降低条件,按最优惠政策发放贷款,从源头上降低贷款资金成本。

(4)票据、信托融资。

这包括发行中期票据、短期融资券、信托融资、委托贷款、工程保险等,基本思路和做法与贷款融资一致。只是中期票据、短期融资券要承担承销费、注册费、信用评级费、律师费、审计费等七八种费用,特别是承销费,是票据发行的主要费用,我们采取让多家银行申报承销费,选取承销费较低、对集团贡献较大银行作为主承销商的办法,选定主承销

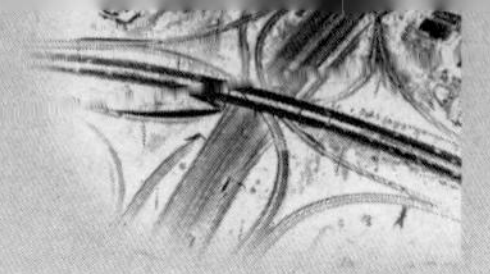





商后再要求其降低承销费率，达到降低资金成本的目的。法律咨询、审计机构选择集团现聘的律师事务所、会计师事务所承担中期票据、短期融资券发行中法律咨询和审计咨询业务，以减少或免除费用支出，降低成本。

(5)贷款类资金提取。

贷款类资金包括银行贷款资金，票据资金、信托资金等，采取“签报审批”的程序和措施控制资金数量。即财务部根据集团各建设项目、运营单位、还本付息、行政、后勤管理等方面经审批后的月度资金需求，结合账面资金余额情况，提出拟拨付贷款类资金的银行、金额、用途、拨付时间等，经总会计师审核、总经理复核后，由董事长审批。这种措施依据充分，程序合规，从源头上控制了贷款资金的使用量和使用时间，降低了资金成本。

(6)投标保证金、信誉保证金。

投标保证金是从事公路建设项目、公路大中修工程、房建工程等工程建设、设计、施工、监理工作投标活动应向投标人交纳的保证金，信誉保证金是从事公路施工工程交纳的保证投标人信誉的担保资金。设立该两种保证金的目的一是防止投标人恶意竞标，中标后不签合同不愿意干，则没收投标保证金和信誉保证金；二是防止围标、串标，提高入围门槛，使真正有实力、信誉好的企业能够中标。

投标保证金、信誉保证金属于投标人的债权，招标人的债务。投标人中标的，不予退还，转为履约保证金；投标人未中标的，在中标人确定后予以退还。由于该两种保证金为限期缴纳，不限期退还，集中在招标人账户数额较大，时间较长，短则两个多月，长则半年以上，属于无息资金，招标人在未退还时可视作自有资金统筹使用，能够节约贷款资金使用量，减少贷款资金使用时间，降低资金成本。

(7)履约保证金。

公路建设项目施工单位中标后向业主交纳的保证履行合同规定义务的资金，一般为中标价的10%，数量较大，期限较长，一般为一年半左右，是业主可以统筹使用的无息资金。

(8)应收及预付类资金。

采取早收晚付，控制预付数量、时间。

(9)应付及预收类资金。

这类资金在公路建设和运营管理单位种类较多，数额较大，主要包括应付工程款、应付质量保证金、应付农民工工资保证金等，属于企业债务资金，有的期限较短，如应付农民工工资保证金、应付工程款，有的期限较长，如应付质量保证金，一般要求在工程缺陷责任期结束后，无质量问题方可支付。原则是分析各类资金的特点，充分利用政策，在不违反政策、不损害企业信誉的前提下，晚付早收，减少贷款资金使用量，缩短使用时间，降低资金成本。

2. 资金拨付、支付方面的措施

(1)公路建设和运营管理单位资金拨付主要包括建设资金拨付、运营资金拨付。

A. 建设资金拨付：采取“三部会审，三总会签”的程序和措施控制拨付数量，降低资金成本。即由建设管理处提出月度资金需求申请，由集团建设管理部对工程的质量、进度和资金需求进行审核，分管建设的副总经理复核，由计划经营部对工程概算和计划执行情况进行审核，由财务部对工程资金使用情况进行审核，结合集团公司资金情况提出拨付意见，由总会计师进行复核，最后由总经理审批，财务部根据建设部、计划经营部和三位领导的审核意见办理拨付。按照这样的程序和措施，业务部门把了关，为财务部门拨付提供了专业管理依据，各建设管理处心服口服，财务部按领导批示的金额内根据账面资金情况分次分批拨付资金，有效减少了资金占用，降低了资金成本。

B. 运营资金拨付：采取“五部会审、二总会签”的程序和措施，控制拨付数量。即由各运营分公司提出月度资金需求申请，由集团养护管理部对公路养护、公路大中修等养护资金需求进行审核，由服务区管理中心对服务区资金需求进行审核，由房建办对房建资金需求进行审核，由计划经营部对计划、预算执行情况进行审核，由财务部对资金管理和使用情况进行审核，提出初步意见，由集团总会计师进行复核，最后由集团总经理审批后拨付。财务部根据各部门和领导审核意见，结合集团账面资金情况，选择一次或分批分次拨付资金，减少资金使用、降低资金成本。

C. 后勤资金拨付：由于管理需要，集团公司将总部机关经费和总部后勤中心经费分开核算。总部后勤经费主要包括总部机关车辆使用费、后勤管理人员工资、福利、总部大院水费、电费、天然气、保洁、保安等物业管理费用。采用“二部会审、三总会签”的程序和措施，控制拨付数量。即由总部后勤中心按月提出资金需求申请，由计划经营部、财务

部审核，由分管后勤中心的副总经理、总会计师复核，由总经理审批后拨付，控制拨付数量，减少资金占用，降低资金成本。

D. 利用增收节支政策减少拨付，根据集团公司关于开展增收节支、反对浪费的政策要求，对政策中明确的刚性指标要求从经费拨付方面直接予以扣减，以切实落实政策，降低资金成本。

集团公司规定：各单位车辆封存1/3，办公费用节约10%，会议、招待费节约15%，电费节约25%，按照以上标准，在各建设、运营单位和总部后勤中心拨付经费时直接予以扣减，达到了既切实落实增收节支，反对浪费政策，又能降低资金成本的目的。

(2)总部机关资金支付主要包括还本、付息资金支付，行政管理经费支付。

A. 还本付息资金支付：还本付息是政府还贷公路建设和运营管理单位的主要职责之一，还本付息支出是运营支出的最主要内容，额度大、笔数多。还本支出按合同约定办理，付息支出大部分在每季度第三个月21日前，少量在每月约定时间。还本付息支出降低资金成本的核心措施是科学确定资金到账时间和支付时间，做到既不影响按期还本付息，又尽量最大可能减少资金沉淀，须逐笔确定资金到账时间和支付时间并尽量降低日常建设、运营资金使用需求，避免双重、三重资金压力造成单位资金储存过大，以降低单位月度、季度资金总需求，缓解供求矛盾，降低资金成本。

B. 行政经费支付：主要措施包括"二部会审、二总会签"程序和措施，计划管理和控制措施，限期报销措施等。

限期报销措施在减少或延迟资金使用数量、降低资金成本方面有非常明显效果。笔者以前在一个差额管理的事业单位从事财会工作，由于事业单位有部分财政拨款，加之事业单位对成本管理不够重视，仅医药费支出就一直居高不下且逐年攀升，个别人员每月的医药费支出已超过了其工资收入，职工意见很大。一线干活挣钱的职工由于年富力强、工作繁忙，无时间看病，医药费支出较少，而在家搞行政、后勤管理、离退休人员医药费支出与日俱增，单位领导要求想办法控制。当时单位规定，一线员工常年在外地工作，财务必须做好服务，必须每天报销。一次，一个退休干部在财务科等了近二个小时要报销医药费，找我签字，并说"实在不好意思，没钱了，"我接过药费发票，看后差点气晕过去，只有8.5元还等了二个小时，竟没钱用了！

我通过研究分析，提出了医药费报销时间由每周六天改为每周二天，当月医药费支出有明显下降。后改为每周一天，又有下降；再后来改为每月二天，还有下降，最后确定为每季度二天，加上每季度所有人员每次报销额度有上限控制，医药费终于控制住了。

钱这东西很怪，有了就花，没了不花，多了多花，少了少花，这是绝大部分人、绝大多数事的规律。限制报销时间，就是限制了部分人的花钱冲动，在无钱、少钱的情况下，对可办、可不办之事便选择不办，可花、可不花的钱就选择不花，岂不能有效降低资金成本。

3. 资金使用方面

资金使用方面的措施非常多、非常具体，这里不一一叙述。从资金使用额度、用途、时间、条件、过程、结果等方面入手编制月度资金运动情况表，是资金使用方面管理的有效措施之一。

4. 资金结余方面

资金结余包括旬末、月末资金结余，通过资金旬报表和月度会计报表可以实现对资金结余信息及时准确掌握。规定：月末资金余额限额建设单位不得超过3 000万元，运营分公司不得超过 200 万元，收费管理所不得超过 50 万元。对于超过限额的单位，一方面要求说明原因，另一方面减拨超出部分经费，第三方面，对超出部分数量较大的收回集团公司统筹使用。

降低资金成本是财务管理永恒的主题和应尽职责，其途径、措施方法非常多，笔者仅从本单位实际出发，将在工作实践中使用行之有效的途径和措施，提出来供大家参考，更希望学习到更多、更有效的措施和方法。

（本文发表在《陕西交通会计》2011 年第 2 期）

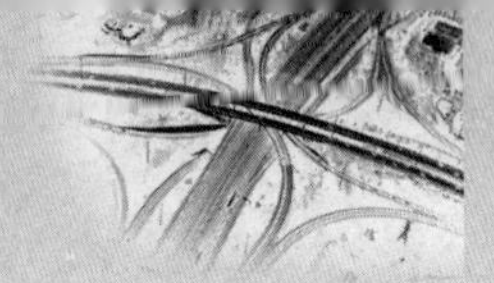



# 高速公路行业资金困局解析

[摘　要]　本文通过全国收费公路债务与亏损问题引出的资金困局现象,从建设项目资本金的配置与投入,高速公路超前建设、扩大规模建设、提前通车,公路建设项目超概算,超出财政承受能力搞公路建设,公路运营初期入不敷出,以概算内贷款确定公路收费标准和收费期限,无视公路大中修等资本性支出的存在,货币政策变化贷款受限等多角度、多方面分析,指出了导致资金困局形成的深层次原因,希望能够引起决策高层、专家学者的关注,并提出解决的根本办法。

[关键词]　高速公路　行业　资金困局

2011 年 11 月 26 日,交通运输部新闻发言人何建中披露,截至 11 月 11 日,除西藏无收费公路外,其他 30 个省份收费公路累计债务余额为 2.291 1 万亿元。河北、河南、浙江、广东、陕西、山东、江苏、云南等 8 个省份债务均超过千亿元。其中广东最高,累计债务余额 2 267 亿元。收费公路 2010 年收费额为 2 859 亿元。2010 年,全国各省份收费公路收费绝大部分用于还贷。大部分省份在还贷后,再扣除养护支出、运营管理支出、税费支出、折旧或摊销及其他支出后,都是“入不敷出”,且缺口较大, 山东亏损 87 亿元。

另据广州日报 2011 年 11 月 26 日报道,广东去年收费公路统计结果亏损超过 31.7 亿元。

全国收费公路贷款 2.3 万亿元,按审计署公布的全国地方政府债务审计结果,2011 年到期偿还的占 24.49%(收费公路行业短期贷款较多,实际需要偿还的贷款应高于此比例)计算,2011 年到期债务应为 5 632.7亿元。贷款年利率按 6.56%[六个月至一年(含 1 年)]计算,2011 年需支付贷款利息为 1 503 亿元。2011 年通行费收入按比 2010 年增长 15% 计算为 3 288.4 亿元,公路养管费用日常支出按收入的 30% 计算为 986.5 亿元,公路大中修、收费站改扩建等资本性支出按日常支出的 50% 计算为 493.3 亿元。2011 年全国运营收费公路资金缺口约为 5 327.06 亿元。若再加上全国在建公路资金缺口约 3 000 亿元,缺口资金通过银行贷款、信托、发行票据等方式解决增加的利息支出以及超过测算使用的一年期以上贷款新增加的利息支出，结合审计署公布的2010年全国高速公路的政府负有担保责任的债务和其他相关债务的借新还旧率达到了54.64%，大部分省份在还贷后扣除相关支出都是"入不敷出"，且缺口较大等信息，预计2011年全国收费公路行业资金缺口可能超过10 000亿元，总亏损可能超过500亿元。

曾经被政府审计部门、专家学者、媒体、公众称为"中国第一暴利行业"、"高价公路"、"印钞机"的中国高速公路行业为何一瞬间会变成"债务黑洞"、成为"穷光蛋"，陷入难以自拔的资金困局？笔者在此试图以政府还贷高速公路建设与运营管理为例做一解析。

## 一、高速公路建设项目资本金配置不足、投入不足是资金困局的先天性因素之一

按照国务院规定，交通运输项目资本金应为项目概算总投资的35%及以上，这是资本金下限。各地在执行过程中普遍以35%为资本金上限，无论公路项目效益有多差，大家普遍认为达到35%即可，不足部分就由贷款解决。这样中央财政可以少拿钱，地方财政可以少拿钱，中央政府、地方政府当然乐意。而对银行来说就更乐意了。如此数量巨大、期限很长、风险很低的项目，银行打着灯笼都难找，何况政府送上门来，岂不是天上掉馅饼。反正项目贷款都在10年以上，有的竟达到20多年，贷款越多，利息越大，有政府兜底，只要能按期收到利息，有大量利润可赚，有奖金可拿，至于还本的事，我们这批当事人可能早退休了或易地做官了，何愁之有？

中央、地方政府、银行三方一拍即合，即使需要80%的资本金才能保本经营，按期偿还贷款本息，谁也不去理会。资本金按最低限配置，为各地修建的投资大、车流量小、效益差的高速公路埋下了入不敷出的种子。

就在按最低限配置资本金的政策背景下，国网高速、省网高速地方政府财政应配套的资本金基本不能到位，这就造成了全国范围内高速公路资本金到位比最低线还要低的普遍现象，政府普遍欠账，高速公路企业无奈只能通过银行贷款解决。贷款超千亿的8个省份，其中至少有40%贷款应该是地方政府的资本金。

资本金配置不足、投入不足使资金困局、入不敷出加上了双保险。

高速公路建设期资本金配置不足、投入不足注定了高速公路运营后的资金困局和入不敷出。

## 二、高速公路超前建设扩大规模建设和提前通车是资金困局的先天性因素之二

由于经济发展的需要或迫于GDP增长等目标任务的压力，各地高速公路项目超前建设、扩大规模建设、提前通车似乎已成常态，按需按期按概算建设者寥寥无几。超前建设意味着今天办五年甚至十年之后的事，今天花五年甚至十年以后才需要花出的钱。扩大规模建设意味着增加投资，基本投资地方政府都不愿出钱，增加投资只能依靠银行贷款。提前通车意味着中央（国网高速）资本金推迟到位，资本金不到只能用银行贷款，需提前支付本不需支付的贷款利息。今天花明天的钱、自己花别人的钱，今天、明天、后天自己都还不上，只能靠别人还，即向老百姓要，向过往车辆收取通行费。收不够的还得向银行借，向后天、大后天推。超前建设、扩大规模建设和提前通车便成为高速公路运营资金困局的第二个先天因素。

## 三、公路建设项目超概算是资金困局的先天性因素之三

由于物价上涨，国家土地政策、征地拆迁政策、货币政策变化，加之部分高速公路项目扩大规模、设计变更较多，造成高速公路项目实际投资普遍超出概算投资。按照现行政策，公路建设项目若要申请调概，须由政府审计部门审计，报原概算批复部门审批。严格的审查程序和漫长的调概过程，许多超概项目只好放弃调概。

不调整概算，超概支出就变成不合规的支出，变成没有正常资本金的支出，变成没有合法资金来源的支出。

不合规还得支，没有合法资本金来源还得弄来钱。于是短贷长用，违规挪用其他项目资金便无法避免。

超概支出是无法作为计算收费标准依据的，也就是说超概支出永远得不到补偿。

建设期没有正当合法的资金来源，运营期得不到一分钱的补偿，超概支出成了收费公路毒瘤和癌症，是高速公路资金困局的先天顽症，后天无人医治、无法医治，造成病态不断扩大，是收费公路资金困局和入不敷出的隐性祸根。总见不到阳光迟早会发霉、腐烂、变质、进而可能

导致高速公路腐烂、变质。

## 四、超出财政承受能力搞公路建设是资金困局的先天因素之四

公路作为国民经济的基础资产，具有先导性、基础性和社会公益性等特点，理应由国家和地方政府财政投资建设、拨付养护大中修等运营资金，免费向社会公众提供。由于改革开放和经济发展需要，本应先行的公路却成了国民经济和地方发展的最大瓶颈。为了解决人民群众出行难、改善投资环境、引进外资等问题，部分省市试点在财政资金不足的情况下，如何修建公路。利用非财政资金、利用外资、民间资金、银行贷款等为解决修路养路资金打开了窗口。小规模、窄范围的试点，解决部分急需问题尚可尝试，而将“贷款修路、收费还贷”确定为一项全国范围的政策则有失偏颇。将小窗口改为大门，将大门改为大路，实际上就是将政府应承担的职责转嫁给企业和银行，然后转嫁到老百姓头上。老百姓不愿意掏就找银行贷，政府拿不出来还找银行贷，最终矛盾集中在公路企业和银行头上。结果，上级政府骂为什么要找银行贷，怎么欠那么多贷款？老百姓骂怎么贷款总是还不完，不断收费百姓怎么受得了？没人解释，解释也没人听，听了也没人信，好像就是收费企业与老百姓过不去。

本应财政拿大头、银行出小头的公路投资，调查下来全国30个省份全是银行拿大头，政府财政拿小头。35%的财政资本金本来就少得可怜，中西部省份大多数高速公路项目按35%出资本金，在收费期限内就难以还本付息，而国网高速除中央资本金约15%外，地方政府大多数不出一分钱，省级高速更是空手套白狼，政府批复项目资本金由公路企业或项目法人自筹，这无异于痴人说梦。

中西部省份多数为吃饭财政，饭都吃不饱拿什么修高速公路，但有中央给钱、有银行给钱，又不需要自己拿一分钱，干吗不修，有如此大好的时机能多修绝不少修，这叫抢抓机遇。何况修公路能拉动地方经济发展、能为改善投资环境、增加地方GDP做重大贡献。受益的是地方，用的钱是别人的、是将来的，成绩是现在的、责任是国家的、问题是以后的，这么好的事能不争先恐后、多上快上大上项目？

在这种政策环境和发展思想指导下，各地政府根本不需考虑自己的财政承受能力，以每年300亿、500亿甚至800亿元的投资连续十多年持续增加公路投资，累积下来，地方政府应该投入的资本金也应超过

300 亿、500 亿甚至 800 亿元，省的就是赚的，债务黑洞就是财政欠账。转嫁政府财政职责、超出财政承受能力搞公路建设是资金困局的先天性因素之四。

## 五、公路运营初期入不敷出是公路行业的内在规律和资金困局的原因之一

公路建成之后通车之前，必须设置运营管理机构、配备相当数量的管理人员和工作人员，安排好通车运营之后的公路养护、收费、治超、路政、服务区等一系列工作，要配置五大业务所需的办公设施、生活设施、服务设施，要对数以百计甚至千计的收费员、路政员、治超员、服务人员、管理人员进行培训，要购置接班车、路政巡查车、洒水车、高空作业车、清扫车、除雪车、工作用车，这些都需要花费数百万元甚至数千万元，没有通车就没有收入，钱从何来？贷款呗！

公路通车运营初期，由于人们对公路通车信息掌握不足、对通车后的收费情况不甚了解，加上人们的思维定势和习惯影响，公路通车初期，车流量一般都很小，随着时间的推移会逐年增多。也就是说，运营初期通行费收入往往较低，离实际支出需求差距较大。

银行贷款还本付息不会因为通行费收入低而降低标准，养护、收费、路政、治超、服务区等各项业务支出不会因为收入低而变小，人员工资更不会因为收入小而减少。

收入小而支出大，入不敷出是公路行业运营初期的内在规律。对部分超前建设、超规模建设、超概算建设、资本金到位率低、项目投资大、地区经济欠发达、车流量极小的公路项目而言，不仅运营初期入不敷出，就是到运营中期、运营后期甚至到运营终了，仍然会入不敷出。

怎么办？找银行贷款。这样银行贷款余额便会无休止的增大，债务黑洞就会不断加深、扩大，资金困局会越陷越深。

## 六、以概算内贷款确定公路收费标准和收费期限是公路贷款偿还的资金盲区之一和资金困局的原因之二

根据目前国家和地方政府相关规定，政府还贷高速公路收费标准要根据公路的技术等级、投资总额、当地物价指数、偿还贷款或有偿集资的期限以及交通量等因素计算确定，收费期限为 15 年，中西部地区为 20 年。

实际执行中，各地物价部门、财政部门对公路技术等级、偿还贷款或有偿集资款的期限、交通量等因素漠不关心，着重考虑当地物价指数和老百姓的承受能力，对投资总额中概算内贷款比较认同。而对因地方政府资本金未到位使用的贷款不予认可，对超概算支出使用的贷款不予认可，对运营初期入不敷出使用的贷款不予认可。这样审核批复下来，占项目实际投资40%左右的贷款成了资金来源盲区，当然也是贷款偿还的盲区。地方政府资本金未到位物价、财政部门不敢说也不愿说，超概支出因无正规批复手续摆不上桌面，经营初期入不敷出是通行费标准批复之后才发生的，且因其专业性较强，较为细碎零散，其额度也远小于前两者，属于次要问题，不值得一提，但十几个甚至几十个通车项目集中到一起其数额也够头痛的。

运营公路的资金盲区前两者属公路建设期先天形成，最后一个属公路运营的内在规律，早期没有按制度和规定办，后期非要坚持执行政策制度，被制度所掩盖的问题就是公路运营单位资金困局的症结所在，成为资金困局的原因之二。

## 七、无视公路大中修等资本性支出的存在是公路运营资金的盲区之二和资金困局的原因之三

公路运营有收费、养护、路政、治超、服务区等五大基本职能，每一项职能都有其日常费用支出和资本性支出。如公路养护包括日常养护支出和公路大中修、水毁抢修支出；公路收费包括日常公用经费和人员经费支出，还包括收费站改扩建、收费系统升级改造等资本性支出；治超业务也有治超站点建设，服务区有设备、办公家具购置、服务区改扩建、路政有路政巡查车辆购置、更新，还有因改扩建收费站、治超站、服务区而增加的房屋建筑物支出，这些资本性支出远比日常支出要大得多。

由于政府还贷公路实行收支两条线管理和“以收定支、收支平衡”的财政预算管理，高速公路通车运营初期至中期，车流量较小，通行费收入难以覆盖贷款利息，日常支出尚难纳入预算，资本性支出更成为无源之水、无本之木，毫不留情地被拒在财政收支预算的大门之外，变成了收费标准不予考虑、财政预算不予接纳的“黑人黑户”，是公路运营资金的盲区之二。无论收费标准是否考虑，不管财政预算是否接纳，公路总得大修、水毁还得抢修，否则影响了安全畅通，群众斥责、上级指责无

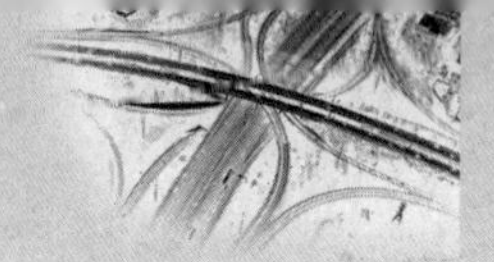

法交差。收费站拥堵、服务区拥堵,车辆排队交费、等待加油难以满足服务社会的要求。

政府批复的收费标准和财政核定的收支预算无视公路大中修等资本性支出的存在,使其成为公路运营资金第二个盲区,成为高速公路行业资金困局的原因之三。





## 八、货币政策变化贷款受限是资金困局和入不敷出的导火索

2010 年下半年以来,为了防止通货膨胀,消除流动性过剩对国民经济的影响,国家对货币政策进行了重大调整,对以前有政策但执行不到位的实施了最严格的监管。这些政策措施主要包括以下方面。

(1)单户贷款不超过贷款银行注册资本的 10%。

(2)严格银行的存贷比控制。

(3)不断提高存款准备金率。

(4)连续提高存贷利率。

(5)严格落实贷款与资本金同比例到位政策。

(6)贷款规模总体降低并按月均控制投放额度。

(7)贷款到期后不允许展期。

(8)资产负债率超过 80% 的客户贷款投放受限。

(9)贷款投放分行业调节。

(10)项目贷款实行直接拨付到施工单位的直通车制度。

(11)流动资金贷款执行受托支付办法。

(12)项目贷款要求工可批复、土地手续等前期工作全部完成方可投放。

由于以上十多条政策措施的实施,加上交通运输部等五部委对全国收费公路调查结果的公告、云南高速只付息不还本的违约函、陕西高速资产负债过高、部分银行已经停贷等不利因素的影响,还有全国范围内的政府融资平台清理与退出,政府债务剥离、三年内全面撤销所有二级公路收费站,这一连串打击银行信心、增加银行风险、提高银行放贷门槛的做法,无疑让政府依靠银行、公路企业依赖银行的行为步履艰辛,于是公路企业陷入了资金困局、政府陷入了资金僵局、银行陷入了资金难局。

如何走出困局、逃出僵局、摆脱难局需要各方有识之士共同研究、探讨。

# 财务延展篇

# 浅谈可持续发展

[摘　要]　本文通过对可持续增长率这一财务管理学概念的定性及定量分析,阐明了企业的发展速度受可持续增长率制约这一经济规律,进而推断,整个社会经济必须可持续发展,通过实例提出不切实际的超常增长必然走向毁灭这一客观规律,简述了可持续发展这一战略思想的现实和长远意义。

[关键词]　可持续增长率　可持续发展　意义

## 一、引言

可持续发展是目前世界上大多数国家的共同目标。

党中央明确提出我国经济今后要向着持续、稳定、协调的方向发展。这里的"持续"和世界上倡导的"可持续发展"是一致的。

究竟什么是可持续发展?为什么要提出可持续发展的战略构想呢?由于本人手头资料有限,查阅了大量较高规格的报刊资料如《新华文摘》、《半月谈》、《经济日报》等仍未找到官方的权威论述,故只好以另一角度对本议题加以探讨。

笔者认为:可持续发展从本质上讲应属于经济学概念,其基本特征就是可以通过定量方式,对经济社会的资源、财富变化进行经济数学分析,通过分析比较衡量和判断社会经济资源、财富的变化是否是持续的,是否是发展的。

由于发展的本质就是增长,可持续发展的本质即可持续增长。

根据以上论述,笔者引入一个经济学范畴内的《财务管理学》中的可持续增长概念,对可持续发展这一宏观论题从可持续增长这一微观角度进行管窥。

## 二、可持续增长的定性分析

《财务管理学》认为:企业管理的目标就是生存、发展和获利。企业只有生存,才可能获利;企业是在发展中求得生存的;企业必须能够获利,才有存在的价值。

由于企业要以发展求生存,企业生存和发展要解决的根本问题就是实现销售增长,销售增长就是企业增长,企业增长就是企业发展。企业增长的财务意义就是资金增长,销售增长越多,企业增长越多,需要的资金越多即资金增长越多。

从资金来源上看,企业增长的实现方式有三种。第一,完全依靠内部资金增长。内部的财务资源是有限的,往往会限制企业的发展,无法充分利用扩大企业财富的机会。第二,依靠外部资金增长。主要依靠外部资金实现增长是不能持久的。增加负债会使企业的财务风险增加,筹资能力下降,最终会使借款能力完全丧失;增加股东投入资金,不仅会分散控制权,而且会稀释每股盈余,除非追加投资有更高的回报率,否则不能增加股东财富。第三,平衡增长。保持目前的财务结构和与此有关的财务风险,按照股东权益的增长比例增加借款,以此支持销售增长。这种增长率,一般不会消耗企业的财务资源,是一种可持续的增长速度。

可持续增长率就是不增发新股并保持目前经营效率和财务政策下企业所能增长的最大比率。

改变经营效率(体现于销售净利率和资产周转率)和财务政策(体现于资产负债率和收益留存率),对于一个理智的公司来说是件非常重大的事情。当然,根本就没有明确的经营和财务政策的企业就谈不上改变不改变。可持续增长的思想,不是说企业的增长不可以高于或低于可持续增长率。关键是管理当局必须事先预计并且加以解决在企业超过可持续率之上的增长所导致的财务问题。超过部分的资金需求只有两个解决办法:提高资产收益率或者改变财务政策。

提高经营效率并非总是可行的,改变财务政策是有风险和极限的,因此,超常增长只能是短期的。尽管企业的增长时快时慢,但从长期来看,总是受到可持续增长率的制约。

## 三、可持续增长的定量分析

《财务管理学》告诉我们:限制销售增长的是资产,限制资产增长的是资金来源(包括负债和股东权益)。在不改变经营效率和财务政策的情况下(即企业平衡增长),限制资产增长的是股东权益的增长率。

即有:

$$可持续增长率=股东权益增长率=\frac{股东权益本期增加额}{期初股东权益}$$

$$=\frac{本期净利润 \times 本期收益留存率}{期初股东权益}$$

$$=期初权益资本净利率 \times 本期收益留存率$$

$$=\frac{本期净利润}{本期销售额} \times \frac{本期销售额}{期末总资产} \times \frac{期末总资产}{期初股东权益} \times 本期收益留存率$$

$$=销售净利率 \times 总资产周转率 \times 期初权益期末资产乘数 \times 收益留存率$$

上述公式中的销售净利率是衡量企业获利能力的重要指标,同时代表着企业的经营效率;总资产周转率是衡量企业资产管理效率和能力的重要指标,同时也代表企业的经营效率;期初权益期末资产乘数是企业资产负债率的变型表示,资产负债率是衡量企业长期偿债能力的重要指标,同时代表着企业的财务政策。收益留存率是反映企业股利、利润分配的重要指标,也是企业处理当前利益与长远利益关系的一个标志,还是企业内部筹资政策的一个指标,同时代表着企业的财务政策。

由此可见,可持续增长率是一个综合性非常强的指标,它将企业的获利能力、资产管理能力、偿债能力、内部筹资能力四个最为重要的经营效率和财务政策指标熔为一炉,将企业增长和发展的决定因素统一于一个指标之中,故而它的作用绝非等闲,如同企业的生死判官,顺我者昌,逆我者亡。

可持续增长率是企业当前经营效率和财务政策决定的内在增长能力,它与实际增长率既有联系,又有区别。

如果企业某一年的经营效率和财务政策与上年相同,则实际增长率等于可持续增长率。

如果企业某一年的4个财务比率有一个或多个数值增加,则实际增长率就会超过上年的可持续增长率。企业不可能每年提高这4个财务比率,也就不可能使超常增长持续下去。

如果企业一年的4个财务比率中有一个或多个数值比上年下降,则实际增长率就会低于上年的可持续增长率。超常增长之后,低潮必然接踵而来,对此事先要有所准备。如果不愿意接受这种现实,继续勉强冲刺,现金周转的危机很快就会来临,企业破产的日子将为期不远。

可持续增长率的高低,取决于公式的4项财务比率。销售净利率和资产周转率的乘积是资产净利率,它体现了企业运用资产获取收益的能力,决定于企业的综合实力。收益留存率和权益乘数的高低是财务政策选择问题,取决于人们对收益与风险的权衡。企业的实力和承

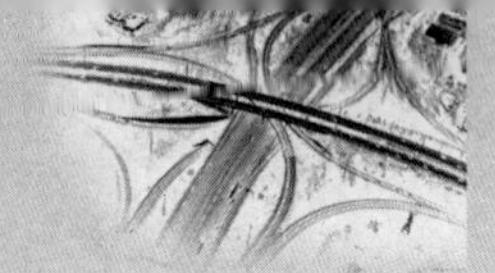

担风险的能力决定了企业的增长速度。

实际上，一个理智的企业在增长率问题上并没有多少回旋余地，从长期来看，更是如此。一些企业由于发展过快陷入危机甚至破产，另一些企业由于增长太慢遇到困难甚至被其他企业收购，这说明不当的增长速度足以毁掉一个企业。





## 四、可持续发展的意义

由于没有认识到企业的发展受可持续增长率制约这一重要的经济规律，许多著名企业在辉煌之日就开始自掘坟墓，结果当然是自我埋葬。曾被誉为中国民营企业之花的珠海巨人集团，在进军电脑业取得巨大成功之后，就急速扩张，先后转向生物制药、房地产等既不熟悉又与主业毫不相干的行业，史玉柱筹划的珠海市标志性建筑"巨人大厦"在鲜花和赞美声中不断长大，当长到70层时，巨人大厦拽着巨人集团一起坍塌了，风化了。倒塌的是巨人，埋葬的是冒进，陪葬的是数以亿年的财富，送葬的是昔日的仰慕者、追随者，受伤的是巨人的亲朋好友，受惊的是正在或将要步其后尘者。曾经红极一时的三株药业在创立的短短三年时间内，就在全国各地注册了600个子公司，成立了2 000个办事处，促销人员超过15万，总部根本无法消除员工违规行为的大量发生，结果掉入了"发展"的泥潭不能自拔，进而被无情的市场所吞噬。郑州亚细亚在创办四年时间内先后开办了15家大型连锁百货分店，在自有资金不足4 000万元的条件下，进行近20亿元的超级扩张，这些分店均是开业之日即亏损之时。结果自然是以"发展"的超速度走向了毁灭的不归路。曾发誓将麦当劳、肯德基赶出中国的上海"荣华鸡"、北京"红高粱"在"发展"的运作上与巨人、三株、亚细亚如出一辙，结果在许多国人还未闻到其味之时便销声匿迹了。

以上事例告诉我们：企业的发展速度是要受可持续发展速度、可持续增长率制约的，不遵循此规律必然要受到惩罚，严重违背此规律贸然行使者粉身碎骨是其必然下场。

从以上分析不难看出，可持续增长，可持续发展，对于作为社会经济细胞的企业是何等主要，同样可以得出：可持续发展对于一个国家、一个社会的经济、政治生活有着极为重要的意义。当今世界许多国家非常看重可持续发展，我们的党中央、国务院将持续、稳定、协调发展作为我党、我国今后时期的奋斗目标。

# 现代企业制度质疑

[摘　要]　现代企业制度作为党中央、国务院一直倡导的我国企业的奋斗目标，多年来却难以实施，究其原因，这一目标不适合我国目前的国情。本文就现代企业制度的理论理解、现实理解、现代企业制度中产权清晰、权责明确、政企分开、管理科学四者之间的关系进行了简要论述，并提出作为现代企业制度的核心“政企分开”缺乏可行性，没有可操作性的论断。

[关键词]　现代企业制度　关系　可行性　可操作性

早在20世纪90年代，我国政府就要求国有大中型企业必须建立现代企业制度。据权威部门报道，到去年年底，我国企业（包括上市公司）还没有一家真正建立起现代企业制度，这值得我们深思。

现代企业制度难道真的高不可攀？从理论上说，并非难事。

产权清晰——这是一个企业对自身拥有什么资源、多少资源、谁的资源的一个最基本界定，如果连此类问题都搞不清，这个企业就很难生存与发展。

权责明确——对一个企业来说属于基本职责。不知自己有什么权利，又不知自己该承担什么义务的企业及其职工如何行动，怎么经营？

政企分开——政府就是政府，企业就是企业，政府不能经营企业，企业不能代替政府，这个道理谁都明白。

管理科学——实行科学化管理是现代社会文明进步的标志。从一个小的团队、幼儿园、学校到机关，没有科学管理将会是一团糟，更何况是讲求效率、追求效益的企业。管理科学也是企业自身的内在要求。

产权清晰是现代企业制度的前提，不知道用的是谁的东西，不知道工作的成果归谁所有，这么糊涂的企业世上难找！

权责明确是现代企业制度的必备因素，权责不明的企业，其运行必然是盲目和低效的。

政企分开是现代企业制度的核心和掣肘点，政企不分的企业算不上是真正的企业。

管理科学是现代企业制度的目标和归宿。产权清晰是实现管理科学的前提,权责明确是实现管理科学的必备手段,政企分开是实现管理科学的核心和掣肘点。只有正确把握现代企业制度各种特点之间的关系,才能深刻理解现代企业制度。

现代企业制度的核心是"政企分开"。国家提出建立现代企业制度的目的就是要让企业学会自己走路,不能总是让政府抱着、领着、推着往前走。但从我国的实际情况来看,"政企分开"的提法不妥,至少可以说,"政企分开"缺乏可行性,没有可操作性。

几十年计划经济形成的公有制占主导成分的我国经济格局随着改革开放的深入已逐步改变,多种经济形式并存的格局已经形成,但国有经济是我国国民经济主力军的地位仍未动摇。只不过集体所有制经济在改革中逐渐逝去,全民所有制企业被改称国营企业、国有企业、国有及国有控股企业。被誉为中国独创的乡镇企业在异军突起后不久便日落西山,但它给中国经济制造的"假、冒、伪、劣"至今让国人头疼不已,它给中国经济秩序带来的无序竞争和破坏的后患更是难以估量。当然,乡镇企业中的佼佼者也不乏其数,它们发展成了股份制上市公司、企业集团、跨国公司,为我国经济发展所做的贡献不可忽视。

既然国有及国有控股企业是我国国民经济的主力军,建立现代企业制度的对象主要是国有及国有控股企业,"政企分开"的目标也是将国有及国有控股企业与政府分开,从我国目前的实际看,这既不可行,也无法操作。

大家知道,股东、投资人参与企业重大问题的管理与决策天经地义,国有及国有控股企业的股东、投资人就是国家。作为股东和投资人,国家参与国有及国有控股企业重大问题的管理与决策合情合理,而代表国家参与企业管理与决策的只能是各级政府,故提出政企分开不可行。

再者,若要达到"政企分开"的目的,国家、各级政府必须找到一个能代替自己行使参与国有及国有控股企业重大问题管理与决策的第三者,明确第三者的权力、责任、利益,并制订出操作性较强的规范、章程等。既没有找到替身,又没有如何进行"政企分开"的操作规程,就要求政府部门全身而退,怎么能退得出来呢?加之政府参与企业管理有很大的利益诱惑,怎么愿意自行退出呢?毛主席说过"扫帚不到,灰尘照例不会自己跑掉",要打破一个旧世界,建立一个新世界,没有一套得力措施是绝对不行的。“政企分开”也一样,没有具体措施,无法操作。

在对参与管理的理解上,各业务主管部门的认识不尽相同。经贸、外经贸部门要求企业不断加强体制创新与机制创新,采取各种方式搞活企业,努力使企业在竞争中立于不败之地;财政、审计部门则要求企业严格执行国家财经制度,确保国有资产不流失。

在对参与管理的操作上,从企业董事长、总经理的任命,到董事长、总经理的行政级别、政治待遇;从企业的筹资、投资,到企业的合并、分立、改制、改组;从企业进行资产转让、置换、拍卖到企业资产的租赁,政府部门无所不及。各级政府组织给企业制造的文山会海更是不胜枚举。现以财政部财企[2001]801 号文件——关于印发《国有资产评估项目核准管理办法》的通知为例,略举财政部发文的范围(只列部分企业名称和文中列举的企业数)。主要包括:各中央管理企业,国家开发银行等 10 家银行,中国人民保险公司等 3 家保险公司,中国国际信托投资公司等 5 家投资公司,中央国债登记结算有限责任公司,中国银河证券有限责任公司,中国光大(集团)总公司共 22 家企业(各中央管理企业不好统计,暂按一家计算)。仅此文件即可看出政企关系之一斑。

以上分析不难看出,政企分开的提法确实欠妥。

作为现代企业制度核心的政企分开的提法不妥,现代企业制度似乎成了无本之木、无源之水。建立现代企业制度好像建造空中楼阁。

产权清晰——实际上,国有及国有控股企业的产权是很清晰的,其产权就是属于国家或者大部分属于国家。国家的就是大家的,大家的就是别人的,多少好坏与自己关系不大。

权责明确——国企职工,包括国企领导在内,没有人在参加工作或走上领导岗位时告诉他们,对自己管理和使用的国有资产有什么权利,应当承担什么责任;权利行使好了有多大好处,什么好处;权利行使不好有多少坏处,什么坏处;如何兑现,谁来兑现?谁来考核检查,等等。大家都这么稀里糊涂当职工,懵懵懂懂当领导,已经习惯了,几十年都这样。

管理科学——政企不分时管理难以科学,产权说是清晰但又看不见主人时没有科学管理的压力,权责不明确时科学管理缺乏动力,这就是现代企业制度的怪圈。

如何走出这一怪圈,期待有识之士共同探讨。

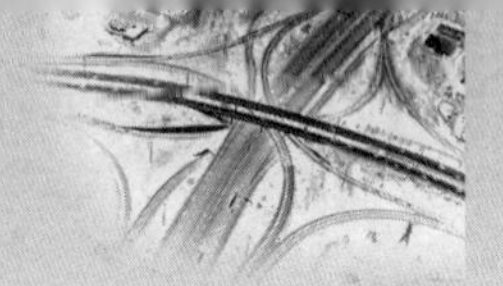





# 浅谈人事管理与财务管理的关系

[摘　要]　本文提出财务管理以人事管理为基础，人事管理是起点，财务管理是过程和结果，单位财务管理的好坏决定着单位领导班子，特别是主要领导的去留升降，财务管理反作用于人事管理等观点。

[关键词]　人事管理　财务管理　关系

众所周知，每个单位管理的多个部门中，以人事部门和财务部门为核心，基本上都是单位一把手亲自抓、直接管。事在人为，抓住人权就是抓住了根本；办事必须花钱，抓住了财权就抓住了命脉。人权和财权共同决定着事权。单位的发展，个人的成长都是建立在事业的基础之上。那么人事管理与财务管理之间有什么关系呢？

这里所说的人事管理和财务管理均是狭义的，是重要人事管理和财务管理，本文以大中型企事业单位为参照。

第一，财务管理以人事管理为基础，人事管理是起点，财务管理是过程和结果。

一个单位的成立是先有机构后有人员，这个机构中财务部门和人事部门是必须设置的独立部门。无论机构怎样设置，单位领导班子成员、财务管理人员、人事劳资管理人员是单位必备的综合管理人员。这里说的财务管理以人事管理为基础，主要是指财务业务的发生是以本单位人员、本单位业务为基础，这是会计主体假设的要求。本单位人员由人事部门管理，人员的工资、福利、奖励、处罚由人事部门确定，所以说人事管理是财务管理的基础和起点，财务管理记录和反映着单位业务发生的过程和结果。

第二，财务管理是频发的、日常的，人事管理是偶发的、阶段性的。

只要办事情搞业务就需要花钱，只要花钱财务管理就必须跟上，单位每天需要办理许多事，所以说财务管理是频发的、日常性的。与财务管理相比，人事管理属于偶发的、阶段性的工作，只有在人员增减变动、晋级、晋职、调动、奖励、处罚、普调工资等情况下人事管理才介入。

第三，人事变化情况在财务上有记录和反映，财务变化情况在人事上不作记录、不予反映。

单位人事变动情况在财务上均有相关记录和反映,如职工调入、调出,职称变化、职务变化、工资变化、受到奖励、受到处罚,甚至职工家庭出现伤亡事故、家庭经济困难等财务上均有相关记录和反映。而单位财务状况的变化、经营成果的变化在人事部门不作记录,不予反映。

第四,部分人事劳资政策法规财务上必须执行,财务制度财经法规对人事部门和其他部门是同样要求,没有特殊要求。

人事劳资政策法规单位人事部门、财务部门都要学习、掌握、贯彻、执行,人事劳资政策的执行下文件、发通知是人事部门的事,具体的落实、兑现则是财务部门的事。财经法规和财务制度单位财务部门和财务人员必须学习、掌握、贯彻、执行,人事部门与其他各部门一样,没有特殊要求。

第五,财务股长、科长、处长的任免,财务人员的调动、调整,往往由单位人事部门和财务部门共同决定,其他部门负责人的任免、调整、调动则主要由人事部门负责。

按照相关制度规定,许多单位财务处长、科长、股长的任免、财务人员的调动、调整往往由单位人事部门和财务部门共同决定,其他部门负责人、其他人员管理则主要由单位人事部门负责,足见财务部门和财务人员的重要性和特殊性。

第六,单位财务管理的好坏决定着单位领导班子,特别是主要领导的去留升降,财务管理反作用于人事管理。

单位财务管理混乱,内控机制不健全、有制度不执行,违反制度不处罚,有违法违纪问题发生可能会造成单位领导班子的撤职、降职、调离等后果,而单位财务状况不佳,长期处于亏损状态,资金周转不灵,可能会引起单位破产倒闭,即单位的财务管理会反作用于人事管理。

综上所述,人事管理和财务管理是单位管理的两个支柱,也是单位发展的重要根基。与人事管理相比,财务管理之根更深、更密、更盘根错节。若养护管理不到位,更容易生虫、腐烂。重视财务管理、加强财务监督、对违反财务制度的人和事进行及时纠正和处罚是每个单位必须正视的严肃问题,这是财务管理的要求,更是单位长期、稳定、健康发展的要求和保证。

(本文发表在《陕西交通会计》2010 年第 1 期)

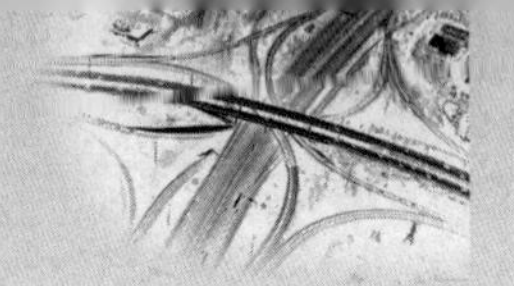



# 浅析质量、安全、廉政、稳定与财务管理的关系

[摘　要]　本文对影响单位工作成绩，实行“一票否决”的四项指标——质量、安全、廉政、稳定与财务管理的关系进行了论述，提出了质量、安全、廉政、稳定问题本质是财务问题，抓好财务管理就能解决好四项关键指标问题。

[关键词]　质量、安全、廉政、稳定　财务管理　关系

岁末年初，各种考核评比纷至沓来，考核评比指标五花八门，但每个单位都必须接受考评的且被定性为“一票否决”的指标基本相同，这就是质量、安全、廉政、稳定工作。

为什么对这四项指标考核如此严厉？因为它们直接关系着人民生命和财产的安危，直接关系着党和政府的安危。

首先说质量。

质量属于技术范畴指标。工程质量、产品质量、服务质量、房屋质量等，人们都在追求质优价廉的产品，唾弃质次价高的产品。质次价高、粗制滥造、偷工减料、以次充好是质量问题的通病，其结果是产品功能达不到要求、产品寿命达不到要求，甚至会给使用者造成生命危险，当然也造成了经济损失。其目的就是通过减少投出来增加自己的收入，其本质属于经济问题、属于财务问题，完全可以通过财务账目和资金流的对比分析可以发现、可以找到充分的铁证。以工程质量为例，施工图设计要求用什么品牌型号材料、用多少，价格是多少，实际施工过程中用的是什么材料、数量、型号、价格等通过查阅施工单位财务账目，看会计凭证、查原始发票、材料入库单、出库单、工程施工原始记录，与设计文件对比之后，马上可以给出是否以次充好，是否质次价高，是否偷工减料的结论，可以判定是否存在工程质量问题，什么地方存在工程质量问题，质量问题的严重程度如何，对工程的危害有多大等。所以说，质量问题的本质是经济问题，具体说就是财务管理问题。

其次说安全。

安全属于技术范畴指标。煤矿安全、施工安全、消防安全、交通安全等，造成各种安全事故的根本原因是思想不重视、投入不到位、设施老化、陈旧，培训不到位、违章操作，产生的结果就是引起人员伤亡和财产损失。安全问题本质是经济问题，核心是财务问题，从财务账上可以看到各单位安全投入是否充分、安全设施更新是否及时、人员安全培训工作是否按规定进行。

所以，安全问题本质是经济问题，具体说是财务管理问题。

再说廉政。

廉政属于政治范畴指标。廉政问题表现上是政治问题，实际上是经济问题，也是财务管理问题。单位财务管理混乱，制度不健全、不完善、控制不力、制度漏洞较多，财务支付审核把关不严、一个人说了算，有制度不执行、执行制度不进行检查监督、检查发现的问题不处理、不整改，整改问题应付了事。就像专家所说：不好的机制和环境能把好人变成坏人，好的机制和环境能把坏人变成好人。健全有效的财务管理制度、机制、措施是单位的病毒防控系统、是防火墙、是防腐剂。

可见，廉政问题的本质是经济问题，具体说就是财务管理问题。

最后说稳定。

稳定问题属于政治问题。政治稳定、社会治安稳定。聚众上访、越级上访、聚众闹事、围堵政府机关、围堵公共场所，影响正常的办公和生活秩序。根本原因是拖欠工程款、拖欠农民工工资，执法不公、裁决不公、积案久拖不决等，上述问题通过正常渠道、方式无人过问或解决不了，当事人只好采取过激行为引起社会关注、引起政府重视，促使上级领导能督促有关部门和单位在限定时间内给予解决。

可见，稳定问题本质是经济问题，具体说就是财务管理问题。

财务管理和会计核算工作是幕后工作而非台前工作，很难出成绩，不出问题就是最大的成绩。正因为出不了成绩，往往得不到应有的重视，有人说：出问题的往往是不重视的，不重视就可能出问题痕迹管理行为，一切有关质量、安全、廉政、稳定的投入、支出事项，只要有资金流发生，全部予以记载，即使没有资金流发生，准备产生资金流的经济行为也会以往来账方式予以记载。投入多少、是否投入、投入是否充分、满足要求，财务账项、原始凭证和发票可以说明是否科学、是否集体研究原始凭证的合同文件签字审批程序可以证明要消除质量、安全、廉政、稳定问题必须重视和加强单位财务管理工作，建立科学的财务管理决策机制(制度建设于完善)杜绝管理真空和管理漏洞,建立严格规范的财务制度执行机制、严格依据程序把关,杜绝不按制度办事行为发生,建立完善的财务监督机制,对制度执行情况要经常检查,及时发现制度建立和执行中的问题,建立有效的纠错防护机制,及时修改完善制度,对发现的问题纠正并适当予以通报、处罚、处分以避免此类问题再次发生。

只有建立科学、规范、完善、有效的财务监督管理机制,才能有效防止并杜绝质量、安全、廉政、稳定等涉及党和政府、人民生命和财产安全问题的不断发生,才能建立起和和谐社会、人民群众会过上更加美满、安全、温馨的生活。

(本文发表在《交通财会》2010 年第 11 期)

# 我国现行收费公路政策分析

[摘　要]　本文通过对我国收费公路政策实施后对国民经济的积极作用和实施中带来的消极影响分析，提出了修改完善现行政策的对策和建议。

[关键词]　收费公路　利弊　对策

## 一、问题的提出

改革开放三十年来，我国经济、社会发生了翻天覆地的变化，综合经济实力跃居世界第四，高速公路通车里程居世界第二，收费公路里程居世界第一。1984 年，国家"贷款修路，收费还贷"政策出台后，极大地促进了我国公路事业的发展，为改变交通对国民经济的瓶颈制约，改善人们的出行条件，提高人民的生活质量，推动区域经济和国民经济发展作出了巨大贡献。2004 年，国务院将这一政策以《收费公路管理条例》（以下简称《条例》）形式纳入法规范畴，充分表明党中央、国务院肯定收费公路在国民经济发展中的作用，支持收费公路发展。2008 年的 5·12 汶川大地震后，党中央、国务院对公路在国计民生中的作用更加予以肯定，明确提出要大力发展公路，继续加快高速公路建设步伐。

然而，由于《条例》比收费公路实践晚 20 年，之前的相关政策有许多不到位之处，各地或多或少有不符合《条例》事项，加之《条例》没有实施细则，较宏观，操作性差，难以规范和纠正历史遗留问题，造成收费公路成为全社会关注的焦点，政府审计部门、人大代表、政协委员、新闻媒体、广大群众对收费公路颇有微词，有些意见相当尖刻，部分人大代表、政协委员要求取消公路收费。

在我国为什么会有那么多收费公路？公路不收费行不？什么时候公路才不收费？这是大家非常关心的问题。

大家知道，公路属于公共物品，具有很强的公益性，应该全部由政府无偿提供。我国是一个发展中国家，政府财力不够雄厚，难以满足公路建设巨大的资金需求。经测算，我国公路建设、运营每年大约需

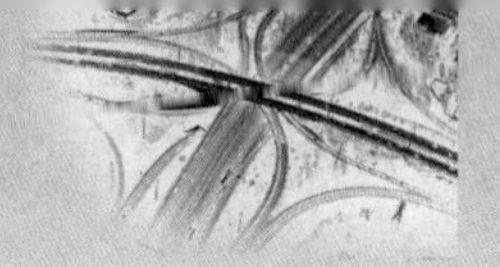

13 000 亿元。经济社会的快速发展对改善交通条件的要求极为迫切，为了又好又快地满足人民需求，“贷款修路，收费还贷”政策应运而生，它符合“谁受益，谁负担”原则，也是国际通行做法，得到了广大群众的支持和拥护，调动了各级地方政府的积极性。





本文就我国现行收费公路政策出台后所产生的利弊情况进行分析，让大家充分认识收费公路政策对促进国民经济发展的积极作用，同时指出现行政策的消极影响所在，提出了对策和建议，为有关部门修改、完善现行收费政策提供参考。

**二、收费公路政策对国民经济的积极作用**

(1)收费公路政策的实施解决了公路建设资金完全依靠财政投入，资金来源单一问题，实现了公路建设多渠道筹资、多元化发展。收费公路政策出台后，全部依靠财政投资修路架桥便成为历史，财政无钱也能修路，并且修了居世界第一，总里程达 10 万多公里的收费公路。减轻财政负担数万亿元，打通了公路建设、运营资金通道，减少了政府在公路建养管方面的压力，解放了政府抓民生、保和谐的思想，加快了带领群众致富奔小康的步伐。收费公路政策让老百姓至少提前十年享受了便捷出行、安全畅通的交通条件。

(2)收费公路政策调动了民间资金、境外资金进入公路行业的积极性，让非政府财政资金替财政支出公路建养管费用，实现了不求所有、但求所用的经营理念，极大地促进了公路建设和公路发展。

(3)收费公路政策确保了银行信贷资金进入公路建设、运营领域，促使各银行成为公路建设最主要的资金供给者，银行成为公路发展的最大支持者，同时也成为最大受益者。各国内银行在金融政策放开前已通过向公路行业贷款聚集了较强的经济实力和国际竞争力。

(4)收费公路政策促进了公路行业的快速发展，提升了我国公路建设、养护、管理水平，缩短了中国公路与世界发达国家的差距，一批世界级水平的工程相继问世，提高了我国公路交通行业的国际影响力。

(5)收费公路政策有力地促进和带动了地方经济、区域经济发展，对拉动内需、促进国民经济发展作用巨大。同时改善了地方投资环境、提高了地方的知名度。

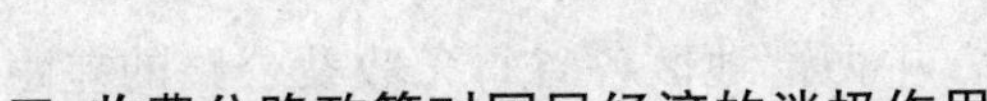

## 三、收费公路政策对国民经济的消极作用

1. 收费期限划分没有充分考虑公路建设及运营特点

《收费公路管理条例》第十四条规定：收费公路的收费期限，由省、自治区、直辖市人们政府按照下列标准审查批准：（一）政府还贷公路的收费期限，按照收费偿还贷款、偿还有偿集资款的原则确定，最长不得超过15年。国家确定的中西部省、自治区、直辖市的政府还贷的公路收费期限，最长不得超过20年。（二）经营性公路的收费期限，按照收回投资并有合理回报的原则确定，最长不得超过25年。国家确定的中西部省、自治区、直辖市的经营性公路收费期限，最长不得超过30年。

根据我国目前收费公路的实际情况，经营性公路具有所处地理条件优越、地区经济发达，往往是当地的黄金地段，车流量大，建设投资少、收费标准高，经济效益特别显著，而大部分收益被国内外经济组织即经营性公路的投资、经营管理者收入囊中。经营性公路占整个收费公路的比例虽然较低（约10%），但其占收费公路总收益的比例往往超过70%。正是这种特殊的现状，使审计部门、部分学者揪住京石高速、首都机场高速等经营性公路不放，并由此认定公路行业为“暴利行业”，高速公路为“高价公路”。而那些地理条件恶劣、地区经济欠发达、修建公路投资大、收费标准低、车流量非常小、经济效益特别差的公路没有人理会，被划为政府还贷收费公路，成了政府的负担。不合理的收费公路划分造成交通系统内部苦乐不均，贫富差距越来越悬殊，引起社会对交通行业、对收费公路的误解和不满，造成收费公路行业工作被动，难度较大。

这一政策没有充分考虑公路建设及公路运营的特点，会酿成“杀贫济富”的恶果。公路投资越大说明自然条件和地理环境越差，车流量越小，运营收入越少。相反，投资越少说明自然条件、地理环境越好，车流量越大，运营收入越大。应该缩短经营性公路的收费期限，最多与收费还贷公路持平。《条例》做出相反规定，不符合公路建设及运营规律，这是现行收费公路政策的致命性弊端。

2. 中西部地区与东部地区收费期限差距没有按地区、路段实际设置

根据《条例》第十四条，中西部地区比东部地区收费期限长五年。中西部地区与东部地区经济发展的差距远不止五年，中西部地区的经

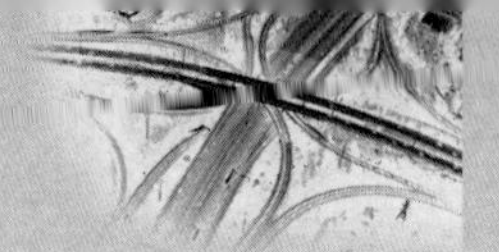



济发展水平也是参差不齐，中西部地区各省每条收费公路的差距也比较大，仅仅用差五年来划定中西部与东部地区收费公路收费年限显然不符合地区实际，也不符合收费公路运营实际。

3. 交通运输类建设项目资本金不低于35%没有科学依据

这一问题虽然不属于收费政策规范的内容，但它是实施收费政策的前提条件。与收费公路情况差异较大一样，越是投资大的公路所处的地区越是没钱，经济条件差。中西部许多省份到处是崇山峻岭，山大沟深，修公路投资巨大，修好后车流量又很小，这类地区资本金达到50%甚至更高，在收费期限内也无法还本付息，为何要硬性规定15年、20年？还不了怎么办？条例只规定收费期届满，必须终止收费，那么，用收费偿还贷款、偿还有偿集资款的原则与收费期限的设置似乎存在不相容之处。

4. 收费还贷公路由不以盈利为目的的法人组织管理实践中很难操作

《条例》第十一条规定：建设和管理政府收费还贷公路，应当按照政事分开的原则，依法设立专门的不以营利为目的的法人组织。经营性公路由依法成立的公路企业法人建设管理。

这一规定明确告诉我们：政府还贷公路的建设、管理者应当是政府组织或事业单位，经营性公路的建设、管理者必须是企业。事实上，在我国行政事业的设立必须经过政府编委批准，庞大的收费管理单位以事业单位注册难度极大。况且，事业单位贷款是受到严格限制的。为了取得公路建设项目贷款资金，各地分别采取一套人马两块牌子（事业、企业）、成立一路一公司、企业集团等方式，全国公路建设、运营管理单位有的是事业性质、有的是企业性质、有的是事业化管理的企业，有的是企业化管理的事业单位，五花八门。这种不得已而为之有损《收费公路管理条例》的严肃性，我们应当理解其中的内涵，充分了解收费公路管理现状，适时调整收费公路政策。

## 四、对策及建议

1. 修改、完善现行《收费公路管理条例》

①缩短经营性公路的收费期限、降低收费标准。

因经营性公路已成为全社会关注的焦点，审计署对京石高速、北京大学三教授对首都机场高速公路的质疑提示我们，经营性公路的收费年限应缩短，最好在10年期内，收费标准应降低，最好与政府还贷公路一样或略低，当然，这必须由政府主管部门、公路投资各方协商确定。

②向经营性公路企业收取公路平衡基金。

鉴于部分公路经营性企业事实上已获取了较高的投资收益，政府主管部门应制订政策，向他们收取公路平衡基金，该基金可作为国家资本金用于政府还贷公路的建设或者弥补还本付息资金不足。

③延长中西部地区政府还贷收费公路收费期限，提高国家向中西部地区公路建设资本金拨付比例。

应根据中西部地区各省区、每条路段的实际情况测算收费期限和资本金拨付比例，通过加权平均等科学方法，分类确定不同路段的收费期限、资本金拨付比例区间，明确收费期届满财政负担的原则、方式等。

④明确政府还贷收费公路建设、管理单位的事业性质和企业管理形式。

2. 像征收水利建设基金、机场建设费一样，征收公路建设基金

本建议笔者在《交通财会》2008年第一期有专门论述，此不赘述。

3. 借鉴国外先进经验

将属于公路范畴的税费如汽车配件、轮胎、汽油、柴油消费税，车辆注册、检验费，公路沿线设施开发收取的税费投入到公路行业，以维持国家对公路行业的稳定投入并得到对公路的绝对控制权。

（本文荣获陕西省交通厅"会计与改革开放30年"征文活动论文三等奖，发表在《陕西交通会计》2008年第1期）

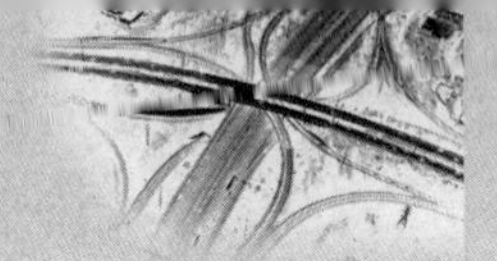



# 关于征收公路建设基金的思考

[摘　要]　本文从公路在国民经济中的作用、现行公路建设筹融资政策面临的困惑和问题、相关政策借鉴及征收公路建设基金的可行性、水利建设与公路建设比较、征收公路建设基金政策与现行征收公路通行费政策比较、征收和管理公路建设基金的建议等方面对公路建设新的筹融资政策和管理进行了探讨。

[关键词]　征收　公路建设基金　思考

## 一、公路在国民经济中的作用

公路作为与人们密切相关的生产、生活条件,作为连接省与省(国道)、市与市(省道)、县与县(县道)、乡村与乡村(农村公路)、街道与街道(城市道路)的通道,作为连接飞机场、火车站、港口(码头)的必备设施,已经无所不在、无人不用、无时不用。由于公路像空气、水一样,人们常用,但大家却视而不见。

当空气污染对人们的健康造成严重影响时,人们才意识到保护环境非常重要,于是全社会的环保意识开始觉醒,关闭“五小”企业成为大家的共识,无论花多大代价也在所不惜。

当水资源短缺或水质变差,对人们的生产、生活造成影响时,人们才意识到水资源的宝贵,提出了“也许我们看到的最后一滴水就是我们的眼泪”的警世恒言。

当因水灾等使国道、省道交通中断、救灾物资送不进去时,当农副产品堆在大山里运不出去时,当我们走50公里公路要耗费五六个小时时,我们或许会意识到公路在人们生产生活中的重要作用……

为了消除公路交通在国民经济发展中的瓶颈影响、拉动内需、促进区域经济发展、改善投资环境、建设社会主义新农村、满足人民群众出行需要等战略考虑,国家、各省市自治区分别编制了国家高速公路网、地方公路建设规划、农村公路建设规划、并逐步实施了这些规划。然而修公路,特别是修建现代化的高速公路耗资巨大。公路属于国家基础设施,要求使用寿命较长;修建公路要征用大量土地,土地是不可再生的资源,为了有效利用土地资源,公路设计一般要求使用寿命30年、50年甚至更长时间,所以公路建设投资巨大,这样才能保证使用寿命较长。

## 二、现行公路建设筹融资政策面临的困惑和问题

因国家、地方财力有限、财政无力短时间支付数以万亿元计的公路建设投资,国家即出台了"贷款修路,收费还贷"的政策,出台了以BOT方式,以经营权转让方式筹资公路建设资金政策。这些政策的出台和实施为我国公路建设筹集资金起到了举足轻重的作用,使我国公路建设以前所未有的速度取得了令世界注目的成就。然而,现行公路建设筹融资政策在实际执行中出现了一些问题,人民群众不理解,政府有关部门不理解、新闻媒体不理解,认为贷款修路、收费还贷政策是错误的,BOT方式是不对的,经营权转让是有问题的。于是,政府部门暂停了收费公路经营权转让,限制BOT方式,控制"贷款修路,收费还贷"政策的实施范围和时间。但庞大的公路建设债务负担谁来承担?不收费的农村公路、干线公路建设资金大部分还是依靠银行贷款,这种贷款靠什么来偿还?

审计署2007年3月26日公布的对34个项目中,有14个项目实际车流量只达到可行性研究报告预测值的60%,在规定的偿债期内很难还清贷款。另据《21世纪经济报道》2007年4月9日关于《冲动的风险:8 000亿元公路贷款解密》一文报道,全国公路建设负债已超过8 000亿元,占公路建设总投资的60%~70%,贷款超负荷情形在各地都不同程度存在,尤以西部、东北地区最为严重。报道披露了四川省高速公路建设开发总公司2005年来总资产552.34亿元,总负债366.03亿元,资产负债率为66.27%,截至2005年以来,该公司已建成的高速公路的建设债务达236.21亿元,近5年累计付息资金缺口19亿元,只能通过短期贷款予以解决。同期该公司所属高速公路累计实现通行费收入38亿元,支出51.5亿元,缺口达13亿元。截至2005年底,重庆市已建成收费公路累计投资433亿元,其中直接利用银行贷款为307亿元,占总资产的70.97%。中央、地方财政资本金投入仅有125.77亿元,占总投资29.03%,这与国务院要求的交通运输项目资本金35%的比例有不小差距。从目前公路行业负债水平,地方政府财力等方面看,多数地方政府"十一五"公路建设融资规模很难实现。20多年公路建

设积累的风险急需一个调整过程;公路建设的负债实际上都是各地财政的或有负债,而且有的地方建设公司负债已超出了地方财政承受能力。这种模式的弊端之一是投资主体单一,一些收费情况好的公路项目往往以BOT等经营形式转让,而一些低等级的公路尤其是乡村公路的债务包袱则落到政府头上,“银行贷款困难并不会遏制地方政府建设公路的热情”。一位熟悉地方运作情形的人士指出,这些规划早就确定,而且关乎政绩,这才是问题的本质所在。

事实上,报道中指出的公路建设负债8 000亿元,公路负债总投资的60% ~70%并未真实反映目前我国公路建设的债务水平。据测算,公路建设总负债已超过12 000亿元,公路负债占总投资比例已超过75%。四川省高速公路建设开发总公司近5年累计付息资产缺口19亿元,同期该公司通行费收支缺口13亿元,重庆市公路项目资本金到位率29.03%,这应该是全国范围内政府还贷收费公路存在的普遍现象,东部地区情况可能会好些,中西部地区基本都有这种情况,可能有些省区、有的收费管理单位情况还不如四川省,也不如重庆市。

国家出台了贷款修路、收费还贷政策,这实际上是解决财力不足,满足超常发展的无奈之举。二十多年的实践证明了它的实用性和有效性。然而,这一政策都遭到前所未有的困惑和尴尬,执行中也部分进入误区。

困惑之一:部分人大代表、政协委员甚至于政府审计部门以及新闻媒体不断质疑贷款修路、收费还贷政策,认为这一政策是错误的,并要求取消这一政策。

困惑之二:各地在执行贷款修路、收费还贷政策时,存在一些偏差。其一是“贷款修路”中,过度依靠贷款。有的贷款比例超过了国务院65%的限制,有的项目即使贷款50%以下也无法通过收费来还贷。其二是“收费还贷”中,收费标准的制订过多考虑人民群众承受能力,考虑与周边省区协调一致,还贷要求考虑不足。其三是不收费的公路建设也通过贷款筹集资金,通过收费公路的通行费偿还贷款本息,无形中将完全由财政负担的费用转嫁到交通部门。交通部门作为业务主管部门而非政府综合部门,无法解决最终必须由政府财政等综合部门解决的问题。

基于贷款风险的不断上升,部分省区内已对公路贷款发出了警戒令,个别省份已停止对公路建设发放贷款。

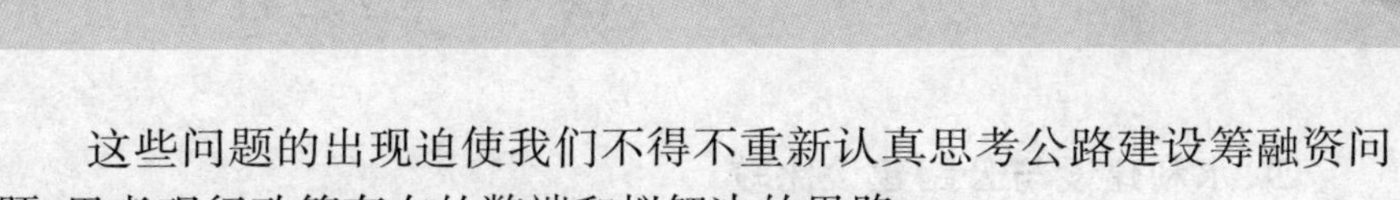

这些问题的出现迫使我们不得不重新认真思考公路建设筹融资问题，思考现行政策存在的弊端和拟解决的思路。

**三、相关政策借鉴及征收公路建设基金的可行性分析**

鉴于各地财力不足，无法满足公路建设及资本金投入需求，而对农村公路、不收费的二级和二级以下公路建设资金，银行一般不予发放贷款。为了解决农村公路等不收费公路建设及养护大中修资金，各地采取了不同的筹资办法。

部分省区利用国家开发银行贷款可以充当资本金政策，利用软贷款，再申请银行硬贷款筹措资金。有的省区修建不收费的农村公路等没有资本金来源，经省区政府批准，通过提高收费公路的收费标准解决资金来源问题。有的省区采取财政定额、定项补助方式，再通过银行贷款筹措资金。

在机场建设资金筹措方面，通过在机票价格外每张机票另收 50 元的机场建设费，来筹集机场建设资金。

在水利建设方面，国家出台了按企事业单位营业收入的 0.8‰征收水利建设基金政策，使水利建设有了可靠、无需偿还的资金来源。

从上述可借鉴的有关政策看，依靠贷款无论是软贷款还是硬贷款，对基础性、公益性项目来说都是不可取的；依靠提高通行费收费标准来筹集公路建设资金会引起强烈的社会反响，会直接加重人民群众负担，在许多省区很难实施；依靠财政定额、定项补助解决不了全部建设资金问题，许多地方财政根本拿不出钱来，也不能实施。像在机票价格中收取机场建设费的做法，公路行业很难实施。若在每张汽车票中收取公路建设费，一方面，加重了人民群众特别是中低收入阶层的经济负担；另一方面，拥有私家车、乘坐公务车的中高收入阶层被划定在征收范围之外，极不公平；第三，现在很多车辆为私有或被个人承包，即使车票中含有公路建设费，也很难汇缴到交通部门；第四，除车票、通行费、养路费、客货运附加费等交通部门可以直接或间接掌握的收入外，再无其他收入渠道。养路费收入专用于不收费公路养护支出，客货运附加费资金专用于汽车场站建设，且数量极少，对公路建设资金需求来说是杯水车薪。

最值得借鉴的应该是征收水利建设基金政策。

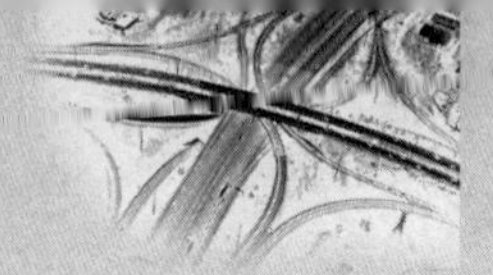





## 四、水利建设与公路建设比较

与公路建设比较,水利建设与公路建设有许多共同点,也有不少不同之处。

两者共同点表现在以下几个方面。

首先,水利建设项目和公路建设项目均作为国民经济的基础性建设项目,都是全社会生存、发展的基石,都与人们生产、生活息息相关。

其次,水利建设项目和公路建设项目均为社会公益性项目,社会效益显著经济效益较差。

再次,水利建设项目和公路建设项目都有建设周期长、使用寿命长、投资大的特点。但是,水利建设与公路建设仍有不少不同之处。

两者不同之处表现在以下几个方面。

第一,水利建设密度没有公路建设大。公路从农村公路、干线公路到高速公路,从村村通工程,乡乡通工程公路到省道、国道,密密麻麻几乎无处不在,而水利不可能村村建、乡乡建,县级、省级的水利工程的密度也很有限。

第二,水利以人民群众生存为基本任务,对国民经济发展的作用远不如公路显著。公路在拉动内需,促进区域经济发展、改善投资环境,保证人民有良好生存环境的前提下,促进国民经济发展有不可低估的作用。要想富,先修路,公路通,百业兴,就是这一理念的经验性、真理性的描述。没有听过要想富,先修水利,也没有听过,水利性,百业兴。

第三,水利建设投资远非公路建设可以比拟。据不完全统计,自改革开放以来,公路建设投资累计已经超过20 000亿元,而同期水利建设项目投资最多为公路投资的三分之一。与此同时,公路建设投资资金来源中,贷款占60%以上,而水利建设的资金来源以财政拨款为主,很少或几乎没有银行贷款。

由此可见,征收公路建设基金比征收水利建设基金理由更充足,更有意义。

## 五、征收公路建设基金政策与现行征收公路通行费政策比较

因公路建设与水利建设的受益对象是相同的,其征收范围应一致,主要针对企事业单位,按营业收入的一定比例由税务机关征收。

现行征收公路通行费由各公路运营管理单位自行征收,征收主体

为企业或事业单位而非国家行政机关、执法部门，征收主体不合法，征收工作存在较大漏洞。

现行通行费征收标准以省为单位各自制订，全国不统一，造成全国范围内征费标准混乱，可比性较差，让广大群众不理解。各省制订征费政策，减免费车辆失控，不利于公路建设资金的有效筹集和建设项目还本付息任务的如期完成。

现行政策最大的弊端就是加剧了地区发展不平衡现象。东部地区经济发展快，消费水平高，车流量大，征收标准高，通行费收入大，部分公路很快能还本付息，表现出极好的经济效益；而中西部地区经济欠发达，消费水平低，车流量小，征收标准低，通行费收入小。又因中西部地区山区公路较多，建设投资大，贷款多，部分公路到国家规定的收费期限内很难还清贷款本息。

据审计署公布的审计报告，约有40%的公路在收费期内无法还清贷款本息。目前实行以省为单位的公路建设贷款统贷统还，其结果会造成富者越富，穷者越穷，不符合国家有关政策。





现行通行费征收对象为通行收费公路的车辆，征费人员直接向司乘人员收取，即直接向社会各阶层人员、向广大群众收取，容易引发矛盾，造成不良社会影响，有损政府形象，不利于构建和谐社会。改为征收公路建设基金后，征费人员为国家执法人员，征费对象为广大企事业单位，完全可以消除上述问题。

征收公路建设基金后，现有收费公路各收费站点将逐步取消，公路建设支出会逐步减少，公路运营支出会大大降低，人民群众负担会进一步减轻，使公路作为国民经济的基础性，先导性、公益性行业的本质性得以复位，通过征收公路建设基金，国家可以逐步取消公路收费，让广大人民群众普遍分享改革开放成果，使收费公路走出误区、走向公益。

**六、征收和管理公路公路建设基金的建议**

1. 关于征费费率的建议

鉴于公路建设规模大，投资大，历史欠账多，资金需求多，拟按照业务收入的0.5%征收。

2. 公路建设基金的管理和使用

由地方税务机关代征的水利建设基金，应先统一归集到各地财政部门，由中央财政部门按一定比例统筹管理。中央财政根据各地实际，

每年适当向资金需求量大的中西部地区倾斜。公路大中修支出、还本付息支出等资金由各地交通主管部门汇总上报财政部门，经财政、投资主管部门会签审批后方可下达投资、资金使用计划，避免有计划无资金，有项目无计划等现象发生。批准后的资金使用预算由财政主管部门拨付交通主管部门，再由交通主管部门拨付到用款单位。

3. 公路建设基金的审计监管

公路建设基金应专款专用。

发改委、财政、审计、交通部门应组成联合审计监管组织，对公路建设基金的筹集、管理、使用、使用效果等进行全方位、全过程监管，杜绝出现豆腐渣工程，挪用、贪污、浪费公路建设基金问题。

本文权作抛砖引玉之用，希望有识之士指点迷津，共同探讨我国目前乃至今后一个时期公路建设资金短缺问题，为国民经济全面、协调、可持续发展献计献策。

（本文发表在《交通财会》2008 年第 1 期）

# 西安绕城高速公路及附设项目政治经济社会发展影响分析

[摘　要]　本文通过对绕城高速公路及附设项目的特点、政治及社会发展影响、经济影响、其固有特点对通行费收支的影响分析，提出了将绕城高速交还给政府，按财政全额拨款或差额拨款方式管理的思路，还原其本来属性，对单位、对国家、对社会更有裨益。

[关键词]　绕城高速　政治　经济　社会发展　影响分析

## 一、西安绕城高速公路及附设项目简介

西安绕城高速公路是陕西省和西北地区已建成的高速公路中等级最高、线路最长、每公里投资最大的一条高速公路。它分两期建设，一期为绕城北段，1998 年 10 月 10 日开工建设，2000 年 10 月 28 日建成通车。它是国道主干线连云港到霍尔果斯高速公路（G045）在西安境内跨越城市道路，连接西宝高速与西潼高速的主要路段；二期为绕城南段，2000 年 10 月 28 日开工建设，2003 年 9 月 29 日建成通车。它是国道主干线二连浩特至河口高速公路（G040）在西安境内跨越城市道路，连接西禹高速与西汉高速的主要路段。同时，绕城北段还与西榆高速、西咸高速相通，绕城南段又与西商高速、西康高速相接，形成绕城高速连四条国道、从八方接入的功能。西安绕城高速是陕西省规划的“三纵四横五辐射”高速公路之枢纽，是陕西省高速公路的核心，也成为全国高速公路的核心之一。

西安绕城高速公路有两个附设项目。第一个是绕城生态林带，它是以绕城高速为依托，在绕城高速两侧布设绿化物。绕城生态林带长约 80 公里，外侧为主绿化带，规划宽度 150 米，内侧为副绿化带，规划宽度 50 米，估计总投资 13.23 亿元。项目分两期建设，一期建设内侧 30 米，外侧 50 米，投资 6.64 亿元。绕城生态林带的建设对改善西安的生态环境和人居环境、美化城市，改善人民生活环境质量、提升历史文化名城知名度、促进旅游发展有重要意义。该项目 2002 年 12 月开始建设，2005 年 9 月基本建成。因征地拆迁、国家土地政策调整等原因，

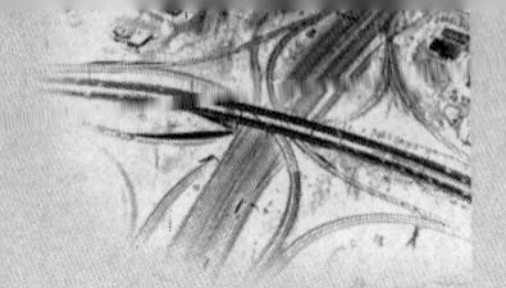

该项目一期工程完成估算投资四分之一后被终止。第二个是陕西省迎宾大道绕城高速段景观及照明工程，它是将绕城高速建成以快速交通为主要功能，同时集文化展示、观光欣赏等功能为一体的景观性较强的交通大道。该项目分两期实施，一期工程2003年8月31日开工建设，2003年9月29日完工；二期工程2004年1月3日开工，2004年3月29日完工。该项目建成后，极大的提高了绕城高速的通行条件，提升了陕西省对外开放的形象和西安市的城市知名度，对西安市、陕西省的政治、经济、社会发展和文化交流活动具有重要促进作用。





西安绕城高速公路是我省实施西部大开发的标志性工程，也是西安交通走向现代化的标志；绕城生态林带是古城西安的一条绿色长廊；绕城高速景观照明给古城西安穿上了现代盛装。绕城高速公路已成为古城西安一条美丽的风景线。驾车行驶在绕城高速公路上，时而绿树成荫、花团锦簇，时而高桥宏伟、流水人家，车移景换、美不胜收！

## 二、西安绕城高速公路及附设项目特点分析

根据笔者调查分析，西安绕城高速公路及附设项目有如下特点。

1. 交——与国道相交，与城市道路相交

西安绕城高速公路分别与西潼高速、西禹高速、西榆高速、西咸高速、西宝高速、西汉高速、西康高速、西商高速等八个方向的国道主干线、西部大通道相连；它又分别与西安市华清路、霸耿路、西航迎宾大道、未央路、石化大道、红光路、沣镐路、丈八路、太白南路、长安南路、曲江大道、纺渭路、长乐路等十三条城市道路相连，是一条名副其实的四通八达的交通大枢纽。

2. 高——建设标准高，管理要求高

西安绕城高速公路是目前西北地区已建成的标准最高、设施最齐全的双向六车道高速公路。在公路两侧有宽度80米的生态林带，吕小寨经六村堡、电子城到长安路为陕西省迎宾大道，夜间有路灯照明，吕小寨、电子城、长安路三座大型互通式立交安装了景观照明。设施豪华、功能强大、影响深远的绕城高速公路，因其肩负着重要的社会责任，它代表政府、代表交通部门完成服务人民、奉献社会的宗旨，对它的关注除来自交通行业，更多的是来自行业之外，特别是各级政府。所以对绕城高速的管理要求要高于其他高速公路。

3. 大——建设及运营成本大，政治影响大

西安绕城高速公路及附设项目总投资 50.12 亿元，平均每公里投资 6 265 万元，是同类高速公路的 5 倍多。由于其枢纽功能，站点密度大，平均 6 公里一个收费站，是《收费公路管理条例》规定的每 50 公里一个收费站的 8 倍多。因其收费站点多、收费设施多、收费人员多，又地处陕西省消费水平较高的西安市，政治、经济、文化活动多，人员及公用经费大；立交多，匝道长，绕城高速的匝道总长度为 72.5 公里，上下行车辆多，车辆加减速频次高，易于损坏，养护成本大；因其全线均处在城郊结合部，易于受到不法侵害，路产维护难度大，路政经费支出多。西安是世界著名的历史文化名城，来往的各国政要、贵宾较多；延安、黄陵、宝鸡、扬凌、华山、临潼等均为著名的旅游胜地，经西安到我省各旅游胜地的宾客络绎不绝；西安作为陕西省首府，作为西北地区政治、经济、文化中心，党和国家领导人、中央各部门、国务院各部委、兄弟省市代表经常光顾，绕城高速又是必经之路，其政治影响不难想象。

4. 近——离城市近，离领导近

西安绕城高速公路的主要功能就是使穿越西安境内国道主干线、西部大通道、省道的车辆绕过西安市区，以减少西安市的交通压力，缓解城市交通拥挤状况。这种功能要求该高速公路不能进入市区，但也不能离城市太远，合适的位置就是选在城郊结合部。由于离城市近，也就是离领导近，省委、省政府、省人大、省政协、省军区；市委、市政府、市人大、市政协、西安军分区；省交通厅、省公路局等领导机关和直管部门全部集中在西安市内，绕城高速发生的大事小非全都在各级领导的眼皮底下、在领导的耳边，所以绕城高速受到的表扬、批评、议论、评价比其他高速公路要多得多。

5. 透——收费透明，服务透明

自 2004 年 5 月 8 日起，绕城高速已实现了与西宝、西闫、西潼、西户、西咸高速西安—西安咸阳机场段等一环五线高速公路的收费联网。绕城高速作为双向六车道、建设标准较高的高速公路，与其他双向四车道、普通标准高速公路的车型分类、收费费率标准完全相同，已向社会公布；其服务标准已向社会承诺，绕城高速的一切工作完全处于全社会的监督之下，是公开透明的。

6. 杂——高速公路、生态林带、景观照明相互渗透

作为一条肩负着重大政治、经济、文化、社会发展等特殊使命的高

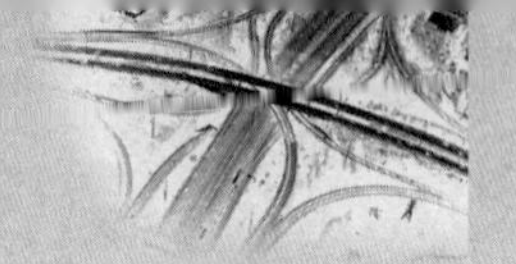

速公路，西安绕城高速公路还承担着绕城生态林带、陕西省迎宾大道绕城高速段景观照明两个纯公益性质项目的建设、管理、维护任务。这几项看似无关却实际密不可分的项目混杂在一起，既相得益彰、又相互影响，为高速公路的运营管理带来了前所未有的问题。

以上六个特点看似彼此独立却又相互勾连，因其“近、交、杂”，引起“高、大、透”；因其“高”引起“大”，因其“近”引起“透”；因其“交”引起“近”，因其“近”引起“交”……





**三、西安绕城高速公路及附设项目政治及社会发展影响分析**

西安作为世界四大古都之一，作为中国最悠久的历史文化名城，作为著名的旅游胜地，在世界、在中国都有着举足轻重的地位。西安绕城高速公路作为世界进入西安，西安走向世界的快速通道，其重要性不言而喻。

绕城高速公路的建成通车，其政治、经济意义无法估量。随着改革开放的深入，国际间、地区间交流日益频繁。近几年，绕城高速每年都要接待100多批次的重要贵宾。如国外元首，一些国际组织等。来西安投资、经商、旅游、求学、求职等活动的人更是数以百万计。绕城高速还承担着黄帝陵祭祖、西洽会、杨凌农高会等每年近十次的大型国际、全国性活动的接待任务；每年“五一”黄金周、“十一”黄金周、春节等我国传统节日都有大批客流。通过我们提供的优美环境和优质服务，使各国贵宾、国内兄弟省市对陕西、对西安有了全新的认识，使文明古都增添了不少现代气息，同时得到了外国友人，国内各地朋友的赞赏，极大地提升了陕西省及西安市对外形象，展示了我省改革开放的辉煌成就，为我省及西安市的招商引资工作奠定了良好基础。

西安绕城高速公路的建成通车，对西安、咸阳、商洛、安康等地的经济发展有极大的促进作用。沿绕城高速两边的地价纷纷飙升，产业结构调整步伐加快，群众致富奔小康的步伐加快，人们的观念进一步更新，商洛、安康成为西安后花园的理想很快会变成现实。

作为西安的窗口、陕西的形象，绕城高速就必须承担好安全保畅、文明服务任务。而作为有着80公里城郊结合部的绕城高速，因其收费及服务设施档次较高，景观照明设施较昂贵，城市及周边人员容易进出，绕城路上的路产设施极易被盗和破坏。罪犯盗窃、破坏后容易逃窜，80公里的城郊结合部容易销赃。自开通以来，绕城高速价值数万元的标志牌被盗数十块，电缆被盗割十多起，配电室加固安装的、正在使用的变压器也被盗走。钢板、立柱、界桩、螺丝等被盗是家常便饭。为了维护路产路权，绕城高速路政人员有十余人次被打伤住院。作为环状的绕城高速，80公里上的每一点对西安市的影响力是基本相同的，绕城路上无小事就是这种特点和影响的真实写照。环状线路有聚集效应，线状线路有发散效应。有聚集效应的环状绕城高速公路上每一点的管理难度相对于线状线路要大得多。今天有人投诉无标志牌，明天投诉路灯不亮，后天投诉服务态度不好，这些投诉的客观原因大部分并不在绕城高速本身，多数是第三者人为因素造成的，但实际的影响和后果必须由绕城高速来埋单。好事不出门，坏事传千里。作为运营管理着地处都市窗口、身在领导眼前、时时有活动、处处遭破坏的绕城路的绕城人，对此话的理解深刻地无以复加，这些消极现象是对绕城高速的安全保畅和文明服务的严峻挑战。



## 四、西安绕城高速公路及附设项目经济影响分析

(一)项目投资构成分析

项目投资构成见表1。

**西安绕城高速公路及附设项目资金构成情况表**(单位:亿元)　　表1

| 资金结构 / 项目 | 总投资 | 交通部补助 | 省补助 | 开发行贷款 | 商业银行贷款 | 国债 |
|---|---|---|---|---|---|---|
| 绕城北段 | 18.46 | 2.41 | 1.18 | 2.0 | 9.97 | 2.9 |
| 绕城南段 | 29.05 | 5.77 | 0.2 | 14.5 | 2.38 | 6.2 |
| 生态林带 | 1.74 | 0 | 0.435 | 0 | 1.305 | 0 |
| 迎宾大道 | 0.87 | 0 | 0.191 | 0 | 0.679 | 0 |
| 合计 | 50.12 | 8.18 | 2.006 | 16.5 | 14.334 | 9.1 |

从西安绕城高速公路及附设项目的投资构成看：交通部补助、省补助共计10.186亿元，占总投资的20.32%，未达到国家规定的交通运输项目资本金比例不低于35%的要求，尚有7.356亿元的资本金未到位，每年多付贷款利息4 501.87万元。

(二)项目资金成本分析

项目资金成本见表2。

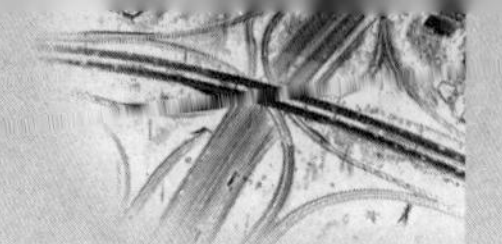

西安绕城高速公路及附设项目资金成本情况表(单位:万元)　表2

| 项目<br>资金来源 | 贷款本金 | 贷款利率 | 年贷款利息 |
|---|---|---|---|
| 开发行贷款 | 165 000 | 5.472% | 9 028.8 |
| 国　债 | 91 000 | 2.5% | 2 275 |
| 商业银行贷款 | 143 340 | 6.12% | 8 772.4 |
| 合　计 | 399 340 | | 20 076.2 |

从贷款资金来源看,低息的国债贷款占总贷款22.79%,中息的开行贷款占41.32%,高息的商业银行贷款占35.89%,项目综合资金成本为5.03%,属于中等负担,贷款资金来源构成较合理。

(三)西安绕城高速公路通行费收支分析

1.2002~2005年西安绕城高速公路通行费收支情况

2002~2005西安绕城高速公路收支情况图表3。

2002~2005年西安绕城高速公路通行费收支情况表(单位:万元)　表3

| 年度<br>项目 | 2002 | 2003 | 2004 | 2005 | 合计 |
|---|---|---|---|---|---|
| 通行费收入 | 5 786.23 | 7 958.41 | 11 688.94 | 14 462.07 | 39 895.65 |
| 通行费支出 | 635.43 | 10 181.34 | 16 133.86 | 32 978.53 | 59 929.17 |
| 1.水利建设基金 | | 281.23 | 365.23 | 424.50 | 1 070.96 |
| 2.撤站还贷平衡资金 | | 338.26 | 390.62 | 424.50 | 1 155.38 |
| 3.收费管理费 | 471.01 | 1 143.55 | 2 150.60 | 2 260.80 | 6 025.96 |
| 4.公路养护费 | 86.35 | 202.40 | 739.46 | 1 556.76 | 2 584.98 |
| 5.借款利息支出 | | 7 080.31 | 9 888.58 | 21 685.55 | 38 654.44 |
| 6.归还贷款本金 | | 840.91 | 2 331.82 | 4 854.35 | 8 027.08 |
| 7.公路大中修工程 | | | | 1 530.80 | 153 080 |
| 8.固定资产购建费 | 78.07 | 14.32 | 27.30 | 40.38 | 160.07 |
| 9.开办费 | | 280.36 | 240.25 | 200.91 | 721.52 |

从收支情况表看,绕城高速入不敷出的现象较为严重。2002~2005年发生通行费赤字20 033.52万元,其中归还贷款本金支出8 027.08万元,12 006.44万元为贷款利息和运营管理成本。从支出看,

2002～2005 年贷款利息为 38 654.44 万元，占同期通行费收入的 96.9%，是通行费支出的绝对主导因素。而 2002～2003 年 10 月，绕城南段尚在建设期，其 23.08 亿元的贷款应支付的利息因已计入建设成本，没有计入通行费支出，显示出通行费收入高于通行费支出的假象。实际上，绕城高速的贷款利息总额远大于通行费收入总额。2005 年，通行费收入为 14 462.07 万元，而同年的贷款利息为 20 076.2 万元，比收入高出 5 614.13 万元；从还本角度看，按照贷款合同，绕城高速的贷款期限最短为 8 年，最长为 18 年，且前期还本少，后期还本多。从近五年的还本支出看，2006～2010 年共需还本资金 104 900 万元，其中：2006 年还本支出 12 700 万元，2007 年 43 300 万元，2008 年 20 000 万元，而 2006 年预计通行费收入为 16 000 万元，2007、2008 年的通行费收入很难超过 20 000 万元。2006～2008 年三年的还本资金缺口 76 000 万元，这样的负担如果没有政府的担保和协调解决，绕城高速自身肯定无力背负。




2. 通行费收入曲线图及走势分析

从通行费收入曲线图（图 1）可以看出，绕城高速年收入增长较为可观，最高增幅为 46.8%，最低为 23.7%，平均达到 36%。因其通车时间短，收入基数小，增加的绝对值不大。另外由于受周边被交线通车情况影响，其通行费收入与相连的高速公路的通车时间、通车里程、车流量关系密切，绕城高速通行费收入走势随我省高速公路网络的完善而逐步走强。

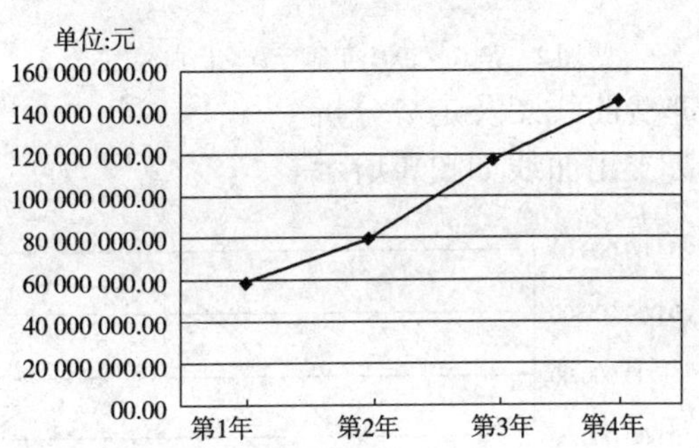


图 1　2002～2005 年通行费收入曲线图

3. 通行费支出曲线图及走势分析

从通行费支出曲线（图 2）可以看出，绕城高速通行费支出呈现极端的跳跃性和不规律性，支出增幅最高为 1 503%，最低为 58.5%，平均为555.3%。支出的影响因素主要有:收费管理费、公路养护费、借款利息、归还贷款本金四项。所占支出的比例分别为10%、4.3%、64.5%、13.4%,四项合计占总支出的92.2%,特别是还本付息支出,占总支出的77.9%,是通行费支出的主要部分,也是收费管理单位无力改变和调节的,它受贷款合同、国家利率政策、通行费收入水平影响较大。收费管理费占支出比例大的主要原因是收费站点密度大,收费人员密度高,为普通高速公路的8倍,各类接待任务较多,地处陕西省消费水平较高的西安市,人员经费支出高出其他地区很多,公用经费支出频次高、价格高。公路养护费、公路大中修工程支出高的主要是因为绕城高速北段比南段早通车三年,为了使南北两段保持相同的路容路貌,需要加强对绕城北段的养护和路面整治;另一方面,由于绕城高速代表着陕西省和西安市的对外形象,为在各种重大活动中能真正树立起窗口形象,日常的养管要求非常高,支出也较大;第三,绕城高速的匝道与主线长度相当,损毁多,养护费用支出大。

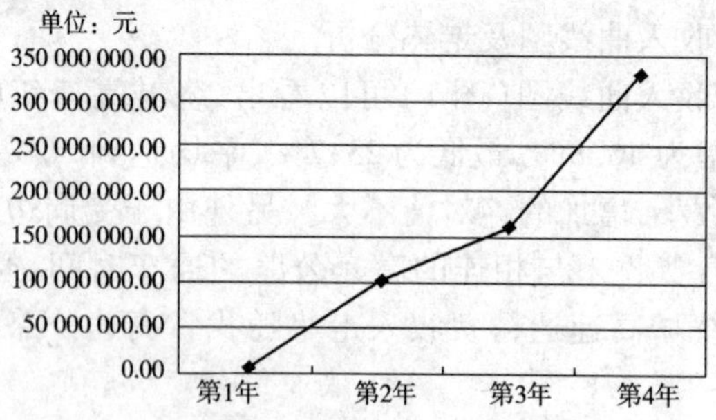


图2　2002~2005年通行费支出曲线图

4.收费管理费曲线图及走势分析

收费管理费支出曲线如图3所示。

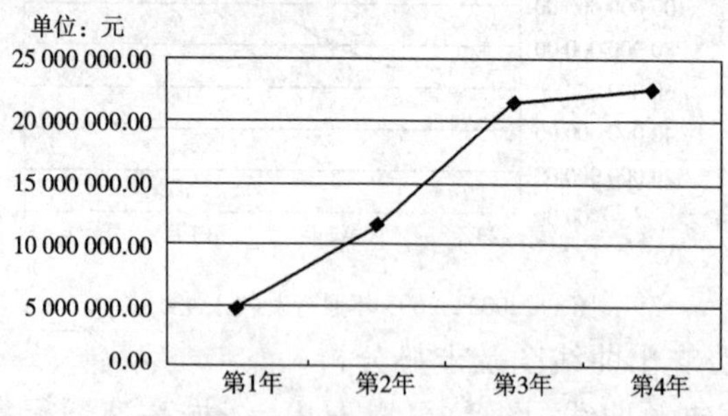


图3　2002~2005年收费管理费支出曲线图

收费管理费支出变化的主要原因是 2003 年 9 月份,绕城高速南段建成通车,增加了 300 多名收费员,开通了 11 个收费车道,增添了许多办公设施,这种支出的增减具有不可比性。从 2004、2005 年的支出情况看,未来几年的收费管理费支出基本保持这一水平,波动不会太大。

5. 公路养护费支出曲线图及走势分析

图 4 为公路养护费支出曲线图。公路养护费支出高主要是全线养护里程长,是收费里程的 1.9 倍;匝道里程占总里程的 47.5%,使用频次高,加减速转换多,对路基、路面的损坏大,养护工作量大;对绕城高速全线的路容路貌总体要求高于普通高速公路,双向六车道,养护面积大,养护费用支出大。随着时间的推移,公路的磨损、破坏加大,路基、路面质量下降,养护费用支出会逐年递增。

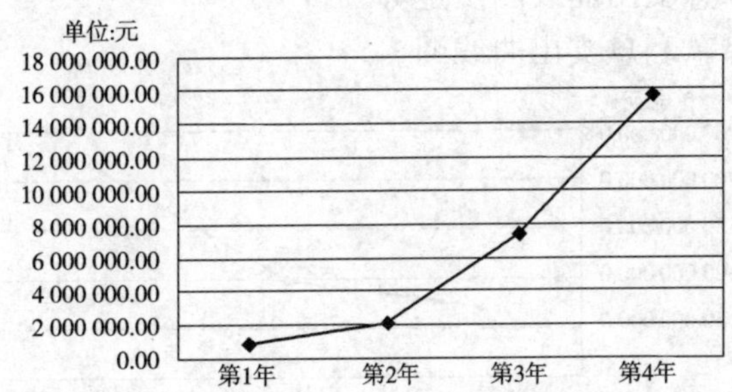


图 4　2002 ~ 2005 年公路养护费支出曲线图

6. 归还贷款本金支出曲线图及走势分析

图 5 为归还贷款本金支出曲线图。

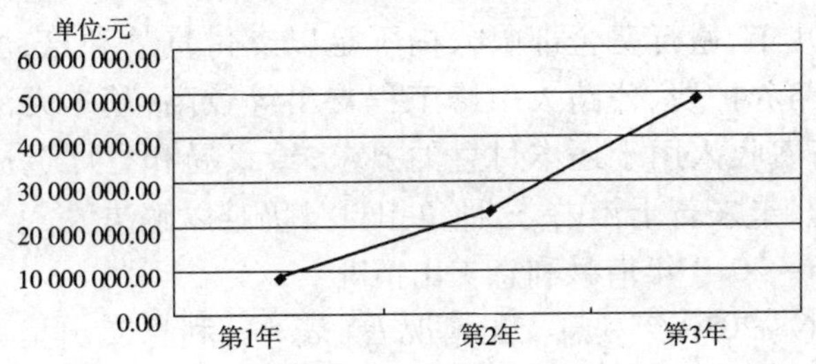


图 5　2003 ~ 2005 年归还贷款本金支出曲线图

归还贷款本金支出是按照贷款合同约定的还款时间、金额按时足额偿还,其基本规律是前期还本额度小,后期还本额度大。贷款银行不同,还款方式、年还本额度不同。绕城高速公路和两个附设项目的贷款银行有五家,除绕城林带项目西安市商业银行贷款是以绕城管理局的

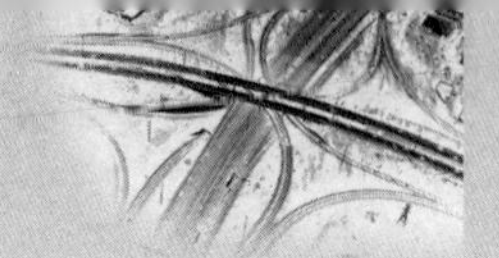



名义申请外，中行、建行是以陕西省高速公路建设集团公司名义，交行、开行是以陕西省交通厅名义申请的贷款。

7.2006～2010年归还贷款本金支出情况

从未来五年还本支出情况看（表4），共需还本资金104 900万元，而同期通行费收入预计不足100 000万元，而通行费收入首先必须支付运营成本和清偿贷款利息，这样就没有还本资金来源，还本资金还必须另外筹资解决。

**2006～2010年归还贷款本金支出情况表**（单位:万元） 表4

| 年度 | 2006 | 2007 | 2008 | 2009 | 2010 | 合计 |
|---|---|---|---|---|---|---|
| 还本额度 | 12 700 | 43 300 | 20 000 | 13 600 | 15 300 | 104 900 |

8.借款利息支出曲线图及走势分析

图6为借款利息支出曲线图。

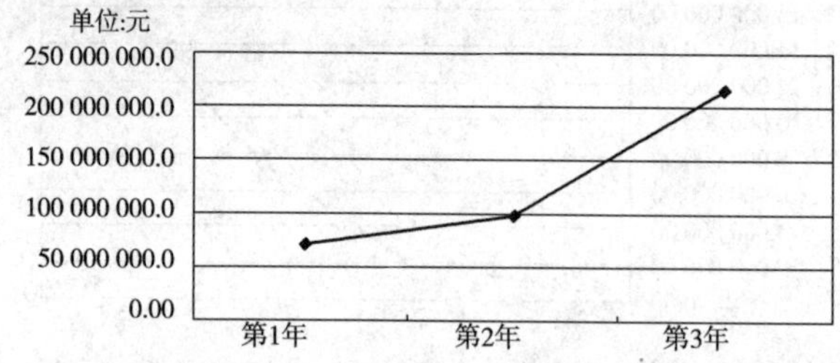


图6　2003～2005年借款利息支出曲线图

借款利息支出是通行费支出的重中之重，陕西省交通厅要求，所有收费公路的通行费收入，70%必须用于还本付息，绕城高速的付息压力非常大，近几年，通行费全部收入尚不足以支付贷款利息，加上其收费管理费、公路养护费、公路大中修工程支出等较高，基本无法满足省厅70%的通行费收入用于还本付息的要求，给我局和省厅造成了极大的压力和负担，未来若干年内，这种负担自身仍难以解决。

9.2006～2010年借款利息支出情况

从2006～2010年利息支出情况看（表5），利息支出呈逐年下降趋势，但支出总额达8.34亿元，年均支出16 689.53万元，年均支出比2006年的预算毛收入高出689.53万元，无法保证正常付息。

**2006～2010年利息支出表**（单位:万元） 表5

| 年　度 | 2006 | 2007 | 2008 | 2009 | 2010 | 合计 |
|---|---|---|---|---|---|---|
| 借款利息 | 21 833.3 | 18 664.28 | 16 529 | 13 713.96 | 12 707.11 | 83 447.65 |

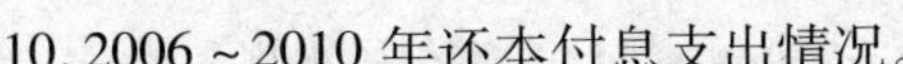

10. 2006 ~ 2010 年还本付息支出情况。

从 2006 ~ 2010 年绕城高速的还本付息情况看（表 6），总额达 18.83 亿元的还本付息资金需求绕城高速自身根本无力消化年均 37 669.54万元的支出，以 2005 年通行费收入 14 462 万元为基数，若按年均 20% 的增长速度计算，再扣除 40% 左右的运营成本和相关税费，至少还需要 9 年时间才能维持自身的收支平衡。但年通行费毛收入达到 7.46 亿元，对绕城高速几乎是天方夜谭。也就是说，绕城高速自身根本无力承担全部还本付息的责任。

**2006 ~ 2010 年还本付息表**（单位：万元）　　表 6

| 年　度 | 2006 | 2007 | 2008 | 2009 | 2010 | 合　计 |
|---|---|---|---|---|---|---|
| 还本付息额 | 34 533.3 | 61 964.28 | 36 529 | 27 313.96 | 28 007.11 | 188 347.7 |

## 五、西安绕城高速公路及附设项目的特点对通行费收支的影响分析

### （一）对通行费收入影响分析

1. 交

因与国道相交，四条国道的车流很容易进入绕城高速，绕城高速的车辆很容易到达四条国道之八方路径，促使绕城高速车流量增加，收入增加。但是，由于以下原因导致绕城高速收入下降：

（1）由于通向汉中、安康、商州等方向的高速公路尚未建成，走绕城高速现阶段还无法到达陕南，造成绕城高速南段车流量奇少，未能达到设计要求，这种情况至少需要持续 5 年时间。也就是说，短期内绕城高速的收入很难大幅度提高。

（2）因为是绕城高速，在绕城的同时必须连城，使西安境内的国道主干线、西部大通道、省道与西安市的城市道路相通，必须设置互通式立交方能达到此目的。与绕城高速直接相交的城市道路有 13 条（绕城共有 13 座互通式立交），这既为西安市民通过绕城走出西安市提供了方便，也为外地客人进入西安市提供了快捷的通道。西安市市政道路灞桥到三桥的城市快速干道的建设与开通，将西临、渭潼高速的车辆通过快速干道直接送达西宝高速，这无形中减少了进入绕城高速的车流量，影响绕城高速的收入；

（3）西安市三环路的建设与开通，将绕城高速东段及西段由南到北从中截断，形成东三环及西三环，会使通往绕城高速东西两端的车辆数

锐减,南三环与北三环则是在绕城高速南北两端内外侧各修建一条双向六车道的城市道路,这无疑会将绕城高速南北两端架在空中,使进出西安市的车辆不用通过绕城高速便可顺利到达西安市的主要地方,造成绕城高速分流城市车辆的功能基本被废除,极大地损害了绕城高速的整体功能,影响其收入的实现。④免费的城市道路与收费的绕城高速并线或相通,因免费与收费的本质差别而让收费的绕城高速处于十分不利的境地。

2. 高

绕城高速是目前我省建设标准最高的一条高速公路,按理其收费标准亦应为全省最高。但事实上,它的收费标准与西宝、西铜、渭潼等除西临(其收费标准高于绕城)外所有高速公路完全相同。从经济学观点看,绕城高速的收费价格远低于其价值。四车道高速与六车道高速使用价值是不同的,建造 2 ~4 年的高速与 8 ~10 年的高速使用价值是不同的,每公里投资 1 000 万元左右的高速与每公里投资 6 000 万元左右的高速使用价值绝对是不同的……,但从政治学、社会学观点看,绕城高速是国家投资的一条高速公路,理应服从于国家和地方政府利益,理应以最低的成本服务于人民,服务于社会,不能加重人民群众的负担,不能提高收费标准,那么,绕城高速沉重的负担只能留给国家,留给地方政府,实际上还是留给了人民群众。这种按 1/6 标准收取绕城通行费的结果是损失了绕城高速应得的绝大部分收入。

管理要求高,给绕城高速带来的收入可以忽略不计。

3. 大

建设及运营成本大,政治影响大,因其收费标准固定,收入仅与车流量有关,与建设及运营成本没有任何关系。成本大、收入固定,意味着收入的减少;政治影响大,但所有政治活动绕城都得免费放行,不是增加收入,而是减少收入。

4. 近

离城市近,因交、并、穿等路网结构影响,近,对绕城车流量的影响增减相抵略显减势。

离领导近,对收入的影响特别大。车流量增加而收入不变甚至收入减少。省上几大班子、市上几大班子领导都在西安市,军警车辆在西安集中较多,公务车、紧急车较其他路段比例要大得多,这就是因为离领导近而收入减少的原因。

5. 透

因收费标准已公开,想多收一分钱都不行,相反因为服务透明等原因,原本应得的收入被举报、监督、命令等人为放走。

6. 杂

作为政府公益性项目,绕城高速附加的生态林带和迎宾大道对绕城的收入几乎不产生影响,它们的主要作用体现在社会效益、生态效益等方面。

(二)对通行费支出影响分析

1. 交

与国道相交、与城市道路相交,相交之处车流量大,对路面及其他路产设施磨损大、破坏大,引起养护费用支出增加;

相交之处多属交通事故多发之处,易引起路产损失,路权维护费用增加;

交叉点多,收费站点密度大,收费设施全、收费人员多,收费管理费支出增加。

2. 高

建设标准高,管理要求高,导致收费设施维护费用高,收费人员劳动强度大,培训和服务成本高;

建设标准高,管理要求高,对公路养护标准必须从高,导致养护费用支出增加;同样对路政管理标准与要求从高,导致路政费用支出增加。

3. 大

建设及运营成本大,政治影响大,这属于绕城高速公路最显性的直接和间接支出增加的原因。

(1)建设成本高。

绕城高速公路每公里投资是省内其他高速公路的5~6倍,其资本金比率为20%,负债率为80%,按目前的收费标准和车流量计算,绕城高速每年的贷款利率为其收费额的180%。若按收费额的70%部分用于偿还贷款利息,每年仅可偿还当年应清偿贷款利息的40%左右。能够按期足额清偿贷款利息的途径只有两条:一是大幅度提高绕城高速的收费标准,这是绝对不可能的。陕西省高速公路联网收费后,全省联网的高速公路执行统一收费标准,要提高绕城收费标准意味着联网收费项目的失败,并且提高收费标准必须经省财政厅、物价局、交通厅重新审批,要加重人民群众负担,要进行听证,这有违“三个代表”重要思想,有违“立党为公,执政为民”精神,所以此条是不可行的。二是大幅度增加进入绕城高速的收费车辆车流量,这在短期内很难实现,从中长期看车流量增加的幅度也非常有限。近期因西康、西汉、西商高速尚未开通,绕城车流量难以增加,又因西安市城市快速干道的建成通车,将西临、渭潼车辆不用经过绕城便直接送达西宝高速;西安市三环路的开工建设,在中长期内对绕城车流量的增加带来致命影响。所以说,增加绕城高速的车流量前景并不乐观,绕城高速收费额想与贷款利息持平至少需要5年左右时间,这9年间拖欠的十亿元左右的贷款利息只能由财政负担,由政府消化,绕城高速自身无能为力。

(2)管理及运营成本大,这是随建设成本大而滋生的。

西安绕城高速,其基点首先是西安,是世界历史文化名城,绕城的基本功能和目的是让国道从八方接入西安。绕城高速圆型的特点为“曲率半径处处相等,摩擦系数点点为零”(华罗庚语),曲率半径处处相等,意味着80公里长的绕城高速每一点对西安市的影响力是基本相同的,绕城路上无小事就是对这种特点的形象写照。环状线路有聚集效应,线状线路则为发散效应。有聚集效应的绕城高速公路上每一点的管理难度相对线状线路要大得多,特别是养护和路政管理方面,经费支出相对要增加很多。

(3)运营成本大,主要体现在绕城高速收费站点多、收费设备多、收费人员多、收费管理费支出大。

在收费人员支出方面,因绕城高速紧紧环绕着西安市,绕城高速已被界定为西安市区的边界线,其人员经费支出必须参照西安市区人员经费支出标准,必须达到或超过西安市的平均工资水平,否则很难留住收费人员,让他们安心在绕城路上服务、工作。省内其他高速公路如西宝、西铜、渭潼高速其人员经费支出可以随当地生活水平的不同而有所不同,这在临时收费人员或合同制的收费人员、工勤人员占很大比例的高速公路管理单位是一个很大的经费节约渠道,绕城高速因在西安这个我省生活水平最高的城市,此条节支渠道被堵塞。

(4)政治影响大。

绕城高速每年都要接待十几批重要客人,每年都有近十位外国首脑、党和国家领导人光临绕城;每年在西安及周边地区召开的国际、全国性会议,举办的活动有近十次。杨陵农高会、西洽会、清明黄帝陵祭祖、“五一”黄金周、“国庆”黄金周、春节等活动，摆花、挂彩旗、彩球、横幅，打扫、清理卫生，补植树木、修缮路面等琐碎小事却让绕城每年不得不投入几十万甚至数百万元的经费。政治影响大给绕城带来的是每年数百万元的经济损失，却给西安、给陕西带来了极大的经济效益和社会效益。

4. 近

(1)离城市近。

直接结果就是城市及周边人员容易进出绕城，绕城高速上的路产设施容易被盗和破坏，被盗、破坏后易于逃窜，80 公里长的城郊结合部非常容易销赃。绕城高速自开通以来，价值数万元的标志牌被盗走数十块，电缆被盗近十起，钢板、立柱、反光膜、螺栓等均遭受过不同程度的破坏或被盗，给绕城高速管理者造成的直接经济损失达数百万元。2005 年 10 月中旬，俄罗斯总统普京访问西安，经过绕城高速去参观秦兵马俑。由于此前绕城高速的电缆被盗，来不及抢修，普京总统无法看到亮丽的绕城、更加壮美的西安，给西安、陕西带来了无法弥补的遗憾。类似这样的损失和遗憾是无法用经济学中的量去衡量的。

(2)离领导近。

环型的绕城，聚集的效应，造成绕城路上一旦有风吹草动便会传到领导的耳朵中。绕城路上出现的好事很难传开，领导知道得并不多，也许大家认为这是绕城人应该做的。绕城路上出现的坏事、不好的事，领导很快就会知道，经常有人将电话打到省委、省政府、省交通厅投诉绕城路上出现的坏事，有时分公司、管理所不知道的事情，省交通厅、省政府已经知道，其结果可想而知。这就是离领导近的“好处”，多费力、多耗时、多耗财，即多贡献自己的必要劳动时间和剩余劳动时间，多用有限的经济资源满足无限的政治和社会需求，是绕城高速有别于其他高速公路的显著特点。

5. 透

收费透明公开、服务透明公开带来的是绕城高速软、硬件设施的不断完善，带来的是绕城高速收费及服务成本的不断提高，即绕城高速支出的不断增加。

6. 杂

带有社会公益性质的绕城生态林带和迎宾大道的所有支出由绕城高速公路收取的通行费负担，特别是还本支出、付息支出、林带管护费

支出、迎宾大道电费支出、盗损修复支出等已占到通行费总支出的20%以上，严重影响了通行费的收支预算平衡，影响了绕城高速的还本付息，给绕城高速的管理者带来了很大的经济负担和收支压力。

上述几个特点对绕城高速公路的收入和支出构成了天然的、难以消除的影响，若不能趋利去弊、循序善导，将对绕城高速的正常运营产生重大影响，特申述如下，以供各级领导决策时参政。





**六、对加强项目管理的一点建议**

综上所述，绕城高速的收入越来越少，支出越来越大，这种现象无法用经济的办法去解释，去解决。作为一条政治影响大、领导关注度高、前期投入大、后期收费低的高速公路，其为国家、为地方政府、为社会贡献的成分远大于其直接的经济利益和经济产出。可以说，任何企业单位无法消化这种由于政治和社会原因形成的经济负担，出路只有一个，将这个肩负着重要的政治责任、背负着沉重社会负担的高速公路还交给社会，交还给政府，这对绕城的将来、对政府和社会的将来都有很大的好处。

# 审计究竟在审谁

[摘　要]　本文通过对审计内容的深入剖析，以会计原始凭证、发票为切入点，指出发票信息中有超过88%的信息为单位经济业务与管理活动信息。经济业务与管理活动决定会计凭证，会计凭证决定会计账簿，会计账簿决定会计报表，会计报表反映单位经济与管理活动。财务信息是单位经济与管理活动信息的终端，财务部门是信息的包装者、保管者，不是信息的设计者、生产者、质检者，不该对信息质量负主要责任。

[关键词]　审计　内容　本质

审计是全社会所有经济组织必须面对和接受的经济业务。有经济活动就有财务管理和会计核算，有财务会计业务必有审计。

审计分三种。政府审计，即政府审计机关安排和实施的审计；社会审计，即会计师事务所等社会中介机构实施的审计，部分由政府审计机关、财政部门、国有资产管理部门、业务主管部门等指定和安排，部分由各社会经济组织自行委托；内部审计，即社会经济组织内部设立审计部门，主要对单位内部相关业务安排和实施的审计活动。

政府审计具有强制性、无偿性；社会审计具有非强制性，有偿性，部分经济业务具有强制性，如企业注册资本验资审计、企业年度财务决算审计、企业合并审计、企业转制审计，企业产权变更审计、企业破产清算审计、领导人任职经济责任审计等；内部审计具有强制性，无偿性。

审计对象包括政府部门、事业单位、社会团体、企业等全部社会经济组织。

审计被誉为经济警察，又被称作经济发展的保健师。通过审计查错纠弊，能帮助社会经济组织在政策、法规的框架下，合法经营、规范运作，促使社会经济组织健康发展，促使全社会和谐、稳定。

审计都审什么？

审计一般包括财务收支审计、财务决算审计、经济效益审计、重点工程审计、经济责任审计、企业管理审计等内容。

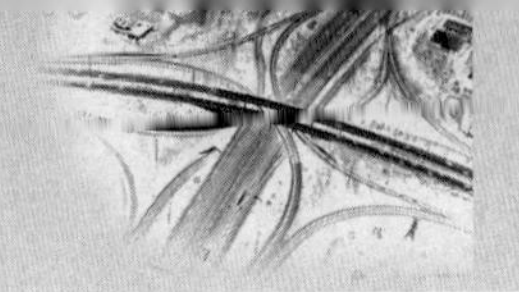



审计究竟审谁?

在许多人眼中,这个问题太简单了,审计就是审财务,这还要问?

审计人员是这么认为,也是这么操作。审计与财务变成警察与小偷,猫和老鼠的不正常、不和谐、互生敌意的业务关系。

社会经济组织的主要领导和全体员工这么认为。审计来了,财务部门、财务人员要加班加点、精心准备,要回头望,认真应对。该调账的调账,该补手续的补手续,千万不能让审计查出问题,特别是不能查出大问题。如果查出了问题,首先说明财务人员账没有做好,工作能力有问题;其次说明财务人员把关不严,工作责任心不强,有问题的经济事项怎么能入账?第三说明财务人员攻关协调能力不强,这些小事还摆不平?第四审计查出的问题必须由财务部门解释、解决。

多数财务人员也是这么认为。既是领导说审计就是审财务,那还有错?审计就是查账,账是财务做的,不是审账审财务吗?审计指出的所有问题都要求财务答复,即便不是财务问题,也必须由财务部门协调,找相关人员答复,多少年是如此,各种审计都如此,所有单位都如此,无数事实证明,审计就是审财务。

笔者认为:审计就是审财务这种观念不正确。

民间流传一句话:“问题出在前三排,根子还在主席台”,讲的就是多数问题表现在下面,根源在上面。

分析研究一下财务资料、会计凭计、账簿、报表,财务制度的制订、执行、监督过程就能明白其中的原因。

所有有经济活动的单位都有财务制度。财务制度是否健全、有效,经济活动是否执行财务制度,制度执行情况是否进行监督检查,检查结果是否要求整改,整改情况是否进行复检等一列问题,是必须由单位领导班子成员特别是法定代表人研究、决策,这些事项的决策情况、执行情况是财务会计工作的前提和基础。如果前提不完备、不具备,基础不扎实,无基础,财务会计工作能好吗?能没有问题吗?

财务会计的职能一般表述为核算与监督。财务管理的职能是预测、决策、计划、控制;会计的职能是确认、计量、记录、报告。从财务职能上看,它有导向作用,有决定权,有控制权。可事实上,财务的导向作用发挥了吗?财务预测单位看吗?财务决策单位听吗?财务计划单位照办吗?财务控制单位领导和员工服吗?职能没有发挥,武功基本被废,凭什么让财务人员为别人的决策负责,为他人的过错承担责任?这是财务管理方面权力与责任不对等的表现。换句话说，单位财务管理存在的问题，根子在单位上层。在目前“顶得住的站不住，站得住的顶不住”的大环境下，财务人员仅仅当了名不副实、代人受过的替罪羊。

从会计职能上看，会计确认、计量、记录、报告的是单位全部经济和管理活动，是单位内部各部门、各种业务和管理活动的经济运行轨迹。就像农夫山泉广告语：“我们不生产水，我们只是大自然的搬运工。”会计人员不直接参与单位业务活动，不制造经济业务，只是经济业务和管理活动的记录员，书记员，只充当照相机，摄像机。财务会计部门仅仅是单位经济活动的资料仓库，是资料寄存处，是经营活动的终端、末梢。

从表面上看，审计就是审财务资料，是看会计凭证，查会计账簿，翻会计报表，这就让大家误认为审计就是审财务。但凭证上记的是什么，附的是什么，附件能说明什么？凭证，就是发生经济业务的凭据和证明，也是打官司的唯一会计类证明，特别是凭证附件，原汁原味，依此为线索，可以对经济业务追根溯源，一直追索到底。如查看一张购物发票，就可知道是谁经办，此人是哪个单位的（看发票抬头），在什么时候（发票日期），什么地方（出票单位），购了什么东西（发票摘要），购了多少（数量），什么规格型号（规格型号），单价是多少（发票单价），总共花了多少钱（发票总价），谁安排的（部门负责人签字），谁审核的（会计签字），谁复核把关的（财务部门负责人签字），谁验收的（验收人签字），谁批准的（单位负责人签字），此购之物数量是否正确，规格是否合适，单价是否合理等十七条主要经济与管理信息都显示在这一张小小的发票和审签单据上面，其中涉及财务的信息只有两条，占 11.8%，其他十五条占 88.2%，特别是决策和执行信息均与财务无关。其他各类发票至少能显示出十二条相关信息，会计仅占 16.7%。

凭证是经济与管理活动支取现金的依据，签字审核报销过程就经济业务管理的程序。这一程序和依据一般通过单位财务制度加以规定和规范。审计检查的就是单位经济与管理活动的合法性，合规性，合理性，效率性，效益性。

凭证附件全部是单位经济与管理活动的轨道和结果。比如，×××因成绩突出受到奖励，要发给奖金，×××因工作失误受到处罚要求扣发资金、工资；为了提高工程质量，开展质量大检查、质量回头望活动；为推动安全生产，进行安全生产培训；为堵漏增收，进行相关动员、部署、调研、整顿、处罚、奖励等；干部职务晋升、工作调动、人事任免，一句

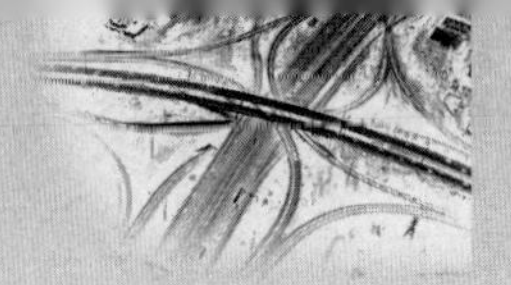



话，只要花公家的钱，花单位的钱，财务上一定有记录，有凭证可查。谁想赖也赖不掉，谁想跑也跑不了。

会计账簿是对会计凭证上记载的零散琐碎的经济业务，按照会计的原则方法进行编辑、剪辑、加工、整理成为条理清晰，总体与分类结合，资产、负责、权益、收入、成本，利润单独列示的会计信息。

会计报表是对会计账簿记录的会计信息进行汇集、汇总、合并生成的会计信息集合体，它能总体反应单位的财务状况和经营成果。通过报表的对比，能反映出单位经济业务的发展变化情况、变化方向，能预测单位未来的走势，能评价单位经营和管理水平的高低。

单位管理体制、管理制度决定经济业务，经济业务决定会计凭证，会计凭证决定会计账簿，会计账簿决定会计报表，会计报表反映经营管理水平。单位管理规范、制度健全、制度执行到位、检查监督到位、运作高效、能严格执行计划、预算、能勤俭办事业，这一切可以通过会计凭证，会计账簿、会计报表信息予以揭示和反映，但根子并不在会计资料本身，根子是单位的管理体制、管理制度和经济业务。

财务原始资料的设计者是单位领导和各部门负责人，是单位和部门的决策者，也就是民间所称的“前三排”和“主席台”上的人；财务资料的源头、真正的生产者、制造者是单位领导和各业务部门、管理部门的工作人员；财务资料的质检者是单位和部门负责人，是有审核、签字、把关权力的领导；财务资料的使用者是各单位内部相关人员，是单位外部财政、税务、审计、工商、银行、业务主管单位、业务合作单位，单位的投资人、债权人和社会公众等；财务资料的剪辑、加工、保管者才是财务部门和财务人员。

单位经营业绩的好坏、管理水平的高低的确可以从财务会计资料中获得许多有用的信息和答案，审计往往从财务资料中能够发现许多单位经营与管理方面存在的问题。部分单位领导办理一些经济业务根本不管什么财经纪律财务制度，就要求经办人员按领导的意旨办事，越简单越好，越快越好，限制越少越好。想怎么办就怎么办，不要给领导提什么条条框框，那是给一般人员定的。一把手这么干，副职也学着这么干，部门也跟着这么干，久而久之，财务制度形同虚设。有专家指出，不按制度办事，带头违反制度的往往都是领导，其他人员无权改变制度，也不敢违反制度。审计部门、审计人员发现了问题就拿财务人员是问，让财务人员解释、答复。因为他们是一般工作人员，不是领导，自认为没有资格找领导，也没有胆量找领导，就只好逼着财务人员解释答复；财务人员对有些事项可以说清，有些事项无法说清，去找相关部门和相关人员，个别有过审计经历、知道问题严重性和审计威严性的部门、人员能积极配合、认真解答，绝大部分部门、领导没有这种经历，对审计认识不清，总以为审计与自己无关，是审财务的，应该由财务部门和财务人员解答，不予配合或配合不积极，审计不去找相关部门、相关领导，就找财务，造成审计对财务人员极为不满，双方走向对立。

《中华人民共和国会计法》修改得好，"单位负责人对本单位的会计工作和会计资料的更实性，完整性负责。"俗称："单位负责人是本单位会计工作的第一责任人"。但单位负责人到底负责什么，如何负责？不负责要承担什么责任，如何处罚？无法操作，法律似乎成了一纸空文，职责不清，奖罚不明，结果就是把所有的罪过都推到财务人员头上，财务员几头受气，里外不是人。

产品质量有问题不追究设计者、生产者的责任，却要求产品包装人员、仓库保管员解释说明，似乎很可笑，审计就是审财务，与要求产品包装人员、保管人员承担产品质量责任有何差异？但我们并不觉得可笑。

审计就是审财务的观念不改变，审计发现问题难以解决，审计查错纠弊职能不能有效发挥，单位经营管理水平的无法提高。财务部门和财务人员当尽早觉醒，要加大审计是审单位全部业务与管理活动的宣传，尽快摆脱目前这种尴尬处境，努力提升财会人员的地位，树立财会部门应有的新形象，为单位发展贡献最大力量，为个人发展搭建最佳平台。

# 政府还贷高速公路服务区功能特点探析

[摘　要]　本文通过对高速公路服务区两大功能、八大特点的分析，为我们正确认识、科学管理服务区提供参考。

[关键词]　高速公路　服务区　职能　特点

高速公路服务区作为高速公路必备的附属设施，是行驶高速公路的车辆和驾乘人员的温馨驿站。除了车辆加油、加水、修理外，驾乘人员入厕、休息、购物、吃饭等看似不起眼的小事，有时却成为不得不办、必须马上办的紧事、急事，否则可能会酿成大事、难事。服务区对于行车安全、舒适能够起到至关重要作用。但是，大家对高速公路服务区的了解不多，对其功能、特点认识不到位，导致在服务区发展方向、服务区定位、服务区管理等方面出现了一些偏差。只有对服务区的功能和特点等其基本特征认识清楚后，才会制订出适合服务区特点，符合服务区功能要求的政策、措施。

## 一、服务区的功能

1. 服务区的功能

为驾乘人员提供必需的满意的服务，包括加油、修车、餐饮、购物、住宿、加水、休息、入厕、停车等，特别是免费入厕、免费停车是所有服务区每天必须提供的、频率最高的服务项目；其次加油，加水；第三是购物（超市）；第四是餐饮；第五是住宿；第六是修车，以上各项缺一不可。由于服务区以服务为主、兼顾效益，上述各项业务无论是否盈利，必须开展。

2. 服务区的窗口功能

高速公路服务区是面向广大驾乘人员开放的，其厕所环境和卫生、停车是否方便、加油是否保质保量，餐饮环境、价格、质量、超市购物品种、价格、质量、住宿环境、价格、休息场所、环境等一一要受到驾乘人员的检查、品评，认可。驾乘人员评价的好坏不仅是对该服务项目的褒贬，还是对该高速公路所有服务区、该省高速公路服务区、该高速公路管理、该省高速公路管理水平的褒贬,服务区就是高速公路对外形象的橱窗,可以说,服务区"人人代表高速公路形象"。

## 二、服务区的特点

就一个省所有高速公路服务区而言,具有以下特点。

1. 点多、分散

按照每50公里必须设置一对高速公路服务区的要求,若高速公路通车里程为3 500公里,那么就有70对左右的服务区。因必须有50公里的间隔,空间上就很分散,若要检查全省高速公路每对服务区,至少来回需行驶7 000公里的里程,不便管理。

2. 地域差异较大

以陕西省为例,全省通车的3 458公里(2010年)高速公路中有国高网8条,分别是连霍线、包茂线、京昆线、福银线、沪陕线、青银线、青兰线、十天线,有省网高速四条,分别是机场专线、榆神线、宝汉线、渭蒲线,途径陕西省十一个城市六七十个县区,横跨关中平原、陕南秦巴山区、陕北黄土高原。各地的自然条件、气候条件、风土人情、生活习惯差异极大,全省范围内很难统一管理。

3. 服务区域相对封闭,工作人员流动性大

高速公路服务区一般均设置在高速公路沿线,远离城市、远离村庄,是一个相对封闭的小社会。许多年轻人常年进不了城、下不了乡,找个对象都是难事。服务区越偏远、车流量越小,收入越低,工作人员的待遇相对越低。条件越差、待遇越低越留不住人,待遇越高亏损越严重,服务区因工作环境、人员待遇等原因,人员流动性极大,高素质的管理人才招不来,留不住。西安某服务区从2004年开业至今已换了十多次批数百人的服务员,其他地方可想而知,这是服务区不好管理的客观原因之一。

4. 服务场所、服务项目开放,服务对象流动性强

高速公路服务区一般为两边对设,分上行服务区和下行服务区。建设时往往侧重一侧建设功能齐全、设施齐备的称为主区,另一侧除必要设置外,稍减一些辅助设施,称为副区。主区和副区间以车行通道或人行通道相连。高速公路服务区占地面积相对较大,少则几十亩,多则数百亩,可以自由进出,出入口不受控制,服务区各项业务须全部对外开放,服务对象流动性很强,财产安全管理难度极大。某服务区停放的

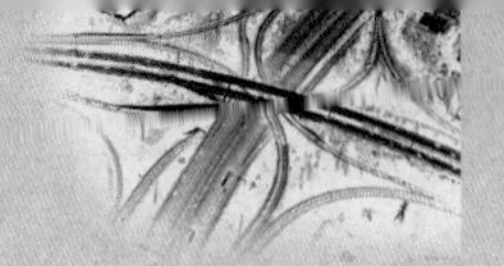



车辆，夜间轮胎被盗事件发生过多次，无法追查。

5. 业务繁杂

高速公路服务区业务主要包括加油、修理、餐饮、住宿、超市、加水等经营业务，还有免费提供入厕、停车、休息等非经营性业务。服务区广场，道路的维修、保养，绿化物的管护，照明设施、监控设施的维护均属于服务区必须免费提供的基础设施。

服务区加油业务由于受到汽柴油供应、加油站安全管理等影响，一般都采取委托经营或者联合经营方式，服务区管理者自主权不大。修理业务因需要专业设备和熟练的技术人员，一般也采取委托经营方式。餐饮、住宿、超市、加水、停车、入厕、休息等业务是服务区对外经营形象的代表，一般由服务区自营，但其特点各异。

从税务管理角度看，加油、修理、超市业务是既要缴纳国税，又要缴纳地税的业务，而餐饮、住宿、加水只需缴纳地税，无须缴纳国税。停车、入厕、休息是免费服务，无须纳税。

从行政管理角度看，上述业务必须办理工商营业执照、税务登记证、卫生许可证、安全许可证等证照，必须接受工商、税务、卫生、公安、消防、交通等政府部门的检查指导。

从财务会计角度看，上述业务有石油销售、有加工修理，有成品销售、有餐饮服务等行为，财务管理必须根据不同业务特点制订不同的财务制度，会计核算更应按照不同业务的特点进行，但作为一个整体服务区又必须将上述业务纳入一个核算体系，各分公司还须将服务区各项业务合并结果与收费、养护、路政、治超、行政后勤管理等收费公路运营管理合并为一个整体，集团公司又须将收费还贷公路运营、收费经营公路运营、建设项目、经营公司、集团总部行政后勤管理等全部业务纳入一个核算体系，目前国家尚未出台上述三级合并的相关会计制度，财务管理与会计核算难度不言自明。

6. 管理体制和管理思路不清

高速公路服务区虽然不是新生事物，但在管理体制和管理思路一直处于不断探索状态。

交通运输部在2009年出台了《关于加强高速公路服务设施建设管理工作的指导意见》，明确高速公路行业是社会服务行业，高速公路服务区应按照“服务优先、兼顾效益”的理念进行建设管理，在此之前，有关高速公路服务区是以服务为中心还是以效益为中心的争论从未停止过。全国范围内各做各的，主要分为两派，一部分是服务派，另一部分是效益派，前者注重服务不顾效益，结果亏得不行；后者只管效益，不管服务，结果效益上去了，服务一塌糊涂，人们怨声载道。新的管理理念提出后，又出现管理体制和管理思路不清问题。

从管理体制上看有三种。

第一种采用条条管理。全省或全省部分高速公路服务区由一个单位管理，即由服务区管理分公司统一管理，对外加挂服务区管理公司以便工商、税务等证照办理和发票领取。这种体制有利于全省或全省部分服务区的统一，专业化程度高，但不利之处是将服务区与所在高速公路割裂，易造成服务区与分公司之间的对立，众多的、分散在各地的服务区交由一个公司集中管理会因为鞭长莫及而影响管理效率。

第二种采用块块管理。全省或全省部分高速公路服务区由运营分公司管理，各服务区单独以集团公司分支机构形式办理工商注册和税务登记。这种体制较好地解决了服务区分散不便管理问题，也是服务区与其所在运营分公司融为一个整体，化解了两者之间不相容的矛盾，其缺点是不利于整个集团各分公司之间、全省各服务区之间的统一，管理的专业化程度相对较低，管理效果不理想。

第三种是独立成立服务区管理公司。该公司由集团公司出资，由服务区管理公司在当地工商、税务部门以独立法人身份进行注册登记。这种体制的优点是具有合法的法律地位，便于直接与工商、税务部门打交道，便于承担民事责任。其缺点是鹤立鸡群，不利用全集团服务区统一管理，作为独立法人的单个服务区，将集团拨款业务变为投资业务，无法融入所在运营分公司中，将对服务区的约束弱化，对外形成只有经营一个目标，若大量采取这种方式，势必为管理带来很大难度，财务上也无法将其纳入运营合并报表中核算，经营管理独立性强，集团管理和控制力会变弱。

在服务区管理思路方面，全省应当由谁负责，应该管些什么？负责全省高速部分公路管理的某个集团应当由谁负责，由谁配合，各自的职责是什么，权限有哪些？分公司的管理职责是什么？权限有哪些？服务区的职责是什么？权限有哪些？目前没有明确的思路，至少没有可以用来指导实际管理工作的依据性文件，应当尽快理清。

7. 服务区一直处于服务与效益的矛盾交织中不能自拔

政府还贷高速公路服务区属于政府还贷高速公路必备的附属设

施，必须无条件向社会提供服务，如同市政设施应无条件向市民提供服务一样，属于公益性设施和公益性服务，其所需资金应当由财政解决，并免除一切税费。但高速公路服务区的服务项目所需资金均不是政府财政拨款。要维持运转必须收回成本，要维持运转必须办理相关证照，服务区的业务证照完全是按照以盈利为目的的企业模式办理的，政府相关部门，社会各界就认定服务区就是以盈利为目的的企业，而交通运输部、省级交通主管部门要求服务区首先是对外提供优质服务，维护交通行业的良好形象，这种社会公益性的要求和服务区业务经营行为盈利性的特点是一对矛盾，要么是公益行为，要么是经营行为，让公益行为兼顾经营行为或者让经营行为兼顾公益行为理论上行不通，实际上做不到，做不好。目前，我国政府还贷高速公路服务区就一直处于服务与效益的矛盾交织中不能自拔。

8. 社会关注度高、影响面大

高速公路服务区是高速公路的窗口，是高速公路的驿站，是高速公路上司乘人员必须且只能停歇的场所，所以广大驾乘人员、社会各界、各级领导对高速公路服务区的关注已经超过高速公路收费、养护、路政、治超业务。收费、路政业务只有驾驶员和各级领导关注，其他驾乘人员并不十分关注，养护业务只有专业人员高度关注，其他人员关注度不高，治超业务只有货车驾驶员较为关注，只有服务区业务才是大家都关注的焦点，因为必须到服务区才能上厕所，才能停车，才能休息，才能加油、修车、吃饭、住宿，所以服务区业务是人人关注，事事关注。加之高速公路全国连通之后，所有高速公路服务区的服务对象已是面向全国人民，甚至包括世界各国人民，其影响已传播到全国各地甚至世界各地。途径若干个省的若干条高速公路，进入各省、各地、各条高速公路的各个服务区，社会各界必然会对各服务区的设施、服务情况进行比较，表扬满意的服务区和服务项目，批评不满意的服务区和服务项目，这很正常不必怪罪，但十个手指都有长有短，总以满意的服务区和服务项目的标准去要求其他所有服务区，有点强人所难，就像甘肃某企业以年薪5万元高薪聘请北京的博士生，结果是竹篮打水一样。希望广大驾乘人员更加理性的评价服务区和服务项目，也希望高速公路服务区管理人员认清自己的责任和使命，懂得服务区关注度高，影响面大的特点，尽心尽职搞好自己的工作，为社会提供一个尽可能满意的场所和服务。

（本文发表在《陕西交通会计》2012 年第 1 期）

# 西安科技兴市专用考评指标体系基本构架设想

[摘　要]　本文针对西安市军工、科技、旅游三大优势，企业科技力量，技术改造，新技术开发区，新产品开发，新成果就地转化，企业横行联合，质量、品种等有关科技兴市的相关因素分析，提出了西安科技兴市专用考评指标体系基本构架的设想。

[关键词]　科技兴市　专用考评指标体系　基本构架

建立西安市科技兴市专用考评体系的基本思路有以下几个方面。

(1)军工、科技、旅游是我市的三大优势，如果能对这三大优势加以正确、合理的引导和启用，西安市的"科技兴市"工作将如虎添翼。为此，首先设立对三大优势利用情况的考核指标。

(2)成立机构，配备人员，提供经费，这是搞好一项重大工作的先决条件，"科技兴市"这一重大事项的开展更是如此。为使该工作能普及、深入，就应以社会经济的细胞——企业着手。因此，专用指标体系中设有对企业科技力量等考评的指标，使该工作建立在坚实的基础之上。

(3)技术改造是科技兴企的一条捷径，新技术开发区是"科技兴市"的窗口和试验场；而新成果就地转化和企业横行联合恰是我市的难点和薄弱环节。设立指标对它们进行考评，更便于检阅我市"科技兴市"工作的成效。

(4)新产品开发是"科技兴市"的核心，没有开发出新产品，科技工作就等于没有成绩；新技术应用更是科兴工作之关键一环，再好的技术如果不用也是白搭；质量、品种是科技社会中永恒的主题。故而，专用指标体系对这几项重要的因素也作了考评。下面逐一介绍各项指标。

## 一、军带民指标

(1)军带民企业数量指标及带后上等级民用企业数量指标。

(2)军带民产品数量指标。

(3)军带民优质产品数量指标(分国家、省(部)、地市级优势产品

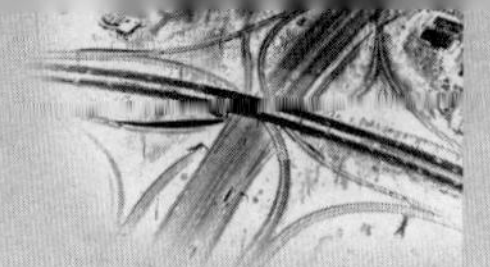

和优秀新产品等)。

(4)军带民质量指标:

①军工企业带动率=军带企业数/驻市军工企业数×100%;

②民用企业带动率=军带企业数/本市全部民用企业数×100%;

③军带民成果率=带动生产的优质产品数量/带动生产的全部产品数量×100%。

(5)军带民产值、利税指标:

①军带民后,军工企业因带民而增加的产值、利税数量指标;

②军带民后,民用企业增加的产值、利税数量指标;

③军工企业增加的产值、利税占全部产值利税比重指标;

④民用企业增加的产值、利税占全部产值、利税比重指标。





## 二、高校、科研单位与企业结合指标

(1)高、科进入企业数量指标。

(2)企业引入高、科数量指标。

(3)高、科进入使企业增加的产品数量指标及优质产品数量指标。

(4)高、科进入使企业增加的产值、利税指标。

(5)高、科渗透率=进入企业高、科单位数量/驻本市全部高科单位数量×100%。

(6)企业被渗率=被渗企业数量/新增产品数量×100%。

(7)高科进企成果率=新增优质产品数量/新增优质产品数量/新增产品数量×100%。

(8)新增产值(利税)率=新增产值(利税)数额/全部产值(利税)数额×100%。

(9)新增产品创汇率=新增产品创汇数额/全部产品创汇数额×100%。

## 三、科技进入旅游业指标

(1)旅游业引进科技项目数量指标。

(2)旅游业引进科技项目增加的利税数量指标。

(3)科技进入旅游业增加的利税率=新增利税额/全部旅游利税额×100%。

## 四、厂办科技开发机构与科技人才培养指标

(1)拥有科技开发机构企业数占全部企业数的比重指标。

(2)企业拥有科技人才数占全部职工数比重指标。

(3)企业科技人员人均成果数及人均创利税指标。

## 五、科技开发经费保证情况指标

(1)市府、主管部门科技开发基金及科技奖励基金占预算比重指标。

(2)企业拥有专用科技开发经费占全部利税比重指标。

(3)企业拥有专用科技开发经费占全部销售额比重指标。

(4)企业每年增加的科技开发经费占增加的销售额比重指标。

## 六、技术改造与新成果就地转化指标

(1)技术改造项目数量与新成果就地转化数量指标。

(2)技术改造与新成果就地转化增加的产值、利税数量指标。

(3)技术改造与新成果就地转化产值、利税增加率 = 新增产值、利税额/全部产值、利税额 ×100%。

(4)新成果就地转化率 = 就地转化新成果数/全部新成果数 ×100%。

## 七、新技术开发区产品、效益指标

(1)开发区新产品数量及单位平均新产品数量。

(2)开发区优秀新产品数量及年增加率。

(3)开发区产值、利税数量及人均产值、利税指标。

(4)开发区投入、产出比指标。

(5)开发区试制、预研、构思产品数量。

(6)区内企事业单位平均试制、预研、构思产品数量。

## 八、企业间横向联合指标

(1)横联企业数量指标(分与本市、与外地两类)。

(2)横联产品数量指标。

(3)横联新增利税数量指标。

**九、新技术应用、新产品开发指标**

(1)应用新技术、开发新产品的企业数量指标及占全部企业比重指标。

(2)应用新技术、开发新产品带来的利税数量指标及新增利税占全部利税比重指标。

**十、质量、品种指标**

(1)实行一等品工资制企业数量指标。

(2)实行一等品工资制企业占全部企业比重指标。

(3)有滞销品企业数量及占全部企业比重指标。

(4)滞销品数量占全部产品数量比重指标。

(5)滞销品产值占总产值比重指标。

该指标体系中各指标设立原则是:力求简单明了,易统计数字,具体易分析比较,有重点易抓住关键,不求深、不求全,仅框化基本构架,在此特予以说明。

(本文获西安市首届"科技兴市"有奖征文活动三等奖,并收录于《依靠科技振兴西安》一书)

# 算盘的生命力

[摘　要]　本文将算盘与计算器进行比较，通过加减运算、特殊数字运算、键盘排列、价格比较、声音对比等方面说明算盘优于计算器的核心所在，从而对算盘的生命力加以阐述。

[关键词]　算盘　生命力

众所周知，随着计算技术的发展，古老的计算工具——算盘，非但没有像手摇计算机那样被淘汰，却仍然受到越来越多人的青睐，就连计算机普及程度较高的日本，算盘的普及、研究也居世界前列。为什么算盘有如此顽强的生命力？以前自认为有计算器就行了，根本用不着算盘的我，在学不会算盘不给发计算器的逼迫下，通过一个多月的珠算学习，才真正体味到算盘的伟大，故书此文，以探求算盘生命的源泉，饱享珠算艺术的风采。由于笔者刚步入财务领域，主要接触的是加减运算，大家知道，加减法运算算盘要比计算器快，这里只要对此作一点探讨。

用计算器进行加减运算，被加减数，加(减)数，加(减)号、等号都必须按出来，如：12 345 + 789 = ？必须按下十个键才能得出结果，而用算盘只要拨 12 345，再在其上拨个 789 即可得出结果，无须显示"+"号，"="号，加(减)数不独立显示出来，这是算盘和计算器计算过程的最大区别，也是它优胜于计算器的特长之一。

对于某些特殊的数字，如含有零的数字，计算器运算必须将数字中的零全部按出来，而算盘就无须拨零。如：10 000 + 1 000 + 100 = ？计算器必须按下十五个键方能得出结果，而算盘只要拨三个"一"便可知得数，省十二次按键过程。

从数字显示方式来看，计算器由于键盘排列方式固定，要显示某个数字或符号首先必须找到它的键盘位置，费时间、费精力，而算盘显示数字就像书写一样，挨着来，很顺手。

算盘相对来说价格比较便宜，打起来声音很悦耳，即使一个人也会感到是在热闹的气氛中生活。据说，算盘还可以开发智力呢！

以上出自我这个"珠龄"不足两个月的后来者之手，不妥之处，还望指正。

(本文发表在《陕西交通会计》1988 年第 4 期)

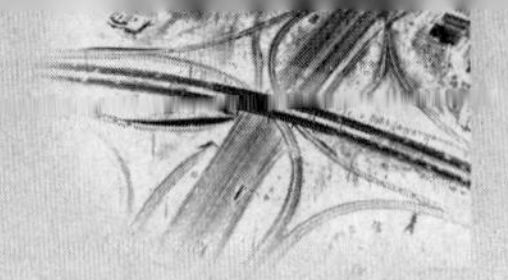



# 政府还贷公路企业贷款属于政府行为

[摘　要]　本文从我国现阶段收费公路建设与运营管理政策、公路建设项目的投资人是国家和地方人民政府、公路经营企业是政府批准履行公路建设与运营管理职责的机构、公路经营企业的收费行为非企业行为是政府行为等方面出发,提出政府还贷公路企业贷款属于政府行为的观点,并从政府资本金未到位、公路超概算、公路运营初期入不敷出需要贷款等角度阐明这是用企业的酒瓶在装事业的酒,是将政府、事业、企业概念混为一谈的典型代表,进而表明,政府还贷公路经营企业还本付息的责任应该是政府而不是企业。

[关键词]　政府还贷公路企业　贷款　政府行为

近日,陕西省国资委组织专家对陕西省交通建设集团公司(以下简称"交通集团")进行对标考核,要求交通集团在国内外、省内外找到标杆企业,实行对标管理。由于国际与国内情况不同,国内各省份对高速公路的管理思路、管理体制、管理方法均有所不同,交通集团在国内外很难找到标杆企业。集团总经理在汇报会上提出了"政府还贷公路交通企业贷款属于政府行为"的观点得到了与会领导、专家的一致肯定。笔者在此对这一观点加以论证。

第一,这是我国现阶段收费公路建设与运营管理政策决定的。

早在1984年,国务院就明确提出了我国实行"贷款修路,收费还贷"的收费公路建设与运营管理基本政策。1996年,国务院印发了《关于固定资产投资项目试行资本金制度的通知》(国发〔1996〕35号),明确要求交通运输投资项目资本金占投资的比例为35%及以上。明确规定,投资项目资本金是指在投资项目总投资中,由投资者认缴的出资额,对投资项目来说是非债务性资金,项目法人不承担这部分资金的任何利息和债务;投资者可按其出资比例依法享有所有者权益,也可以转让其出资,但不得以任何方式抽回。换句话说,项目资本金就是项目公司的注册资本。从1996年开始,对各部经营性投资项目,包括国有单位的基本建设、技术改造、房地产开发和集体投资项目,试行资本金制度，投资项目必须首先落实资本金才能进行建设。

2004年，国务院颁布了《收费公路管理条例》，将"贷款修路、收费还贷"政策纳入法制化轨道，并将收费公路分为政府还贷公路和经营性公路两种类型。《条例》第十一条规定："建设和管理政府还贷公路，应当按照政事分开的原则，依法设立专门的不以营利为目的的法人组织。经营性公路由依法成立的公路企业法人建设管理。"

无论是"贷款修路、收费还贷"政策，还是国务院《关于固定资产投资项目试行资本金制度的通知》，还是《收费公路管理条例》都明确无误的告诉我们：其一，公路建设投资人应当是国家和地方人民政府，不是企业，更不是个人；其二，贷款修公路是国家政策，通过收取车辆通行费偿还贷款本息是贷款修路政策的有机组成部分，不是另外一个政策，更不是企业行为，也不是个人或集体行为；其三，交通运输项目投资，国家和地方人民政府必须投资项目总投资35%及以上的资本金。

第二，公路建设项目的投资人是国家和地方人民政府。

由于公路具有基础性、先导性和社会公益性，属于国家经济命脉，是为整个国民经济提供服务的行业，公路建设项目以执行国家和地方政府经济发展计划为主，是政府指令性计划引导和推动的行业，非企事业单位和个人可以决定是否修建、如何修建。

修建公路一般由政府全额投资，并确定建设规模、公路等级、公路里程、线路走向、开工日期、竣工日期等。如果不是政府投资而是企业投资，企业不一定按照政府确定的建设规模、公路等级、线路走向等要求执行，企业会选择对自己更有利的方案。

由于政府财力不足，就采取政府投入一定数量项目资本金，其余不足资金以公路收费权作质押向银行贷款或民间、国外借款，公路建成收取车辆通行费偿还贷款本息。这其中的贷款行为，收费权质押行为、收取车辆通行费行为均由政府授权给公路经营企业实施，收费标准、收费期限、车型划分、免费政策、收费站设置、收费人员编制等等全部由省级人民政府批复执行。

第三，公路经营企业是政府批准履行公路建设与运营管理职责的机构。

与一般企业不同，公路建设和运营管理单位的设立均经通过地方人民政府或其授权的交通主管部门批复，同时按照《公司法》规定，办理工商登记、税务登记、领取企业代码证。这就是公路建设与公路运营管

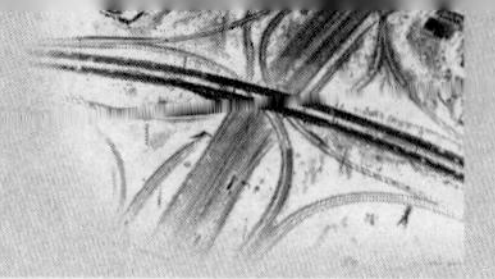

理企业的特许经营特性。政府的批复包含着特许其按政府计划建设公路，允许其代表政府以收费权为质押筹措项目贷款等公路建设资金，允许其在建成通车后的运营公路上依法设立收费站收取车辆通行费，开展公路收费、养护、路政、治超、服务区管理等业务，同时承担归还公路建设贷款本息的职责。

第四，公路经营企业的收费行为非企业行为是政府行为。

一方面，按照《收费公路管理条例》规定，政府还贷公路收取的车辆通行费以偿清贷款和有偿集资款本息为限，不允许营利，若未偿清贷款本息，只要到达政府规定的收费期限必须立即停止收费，将公路无偿移交政府管理。也就是说，管理政府还贷公路的公路经营企业不以营利为目的，以服务社会发展为目的，没有盈利，没有亏损。

另一方面，政府还贷公路通行费、路政收入、广告收入、服务区收入等全部实行“收支两条线”管理和财政预算管理。企业的全部收入按日上缴至省级财政专户，企业的之处按照省级部门批复的预算，逐月向财政部门申请使用，企业的财务管理按照事业管理和财政预算的思路进行。

第五，政府还贷公路企业的贷款属于政府行为。

公路的投资人应当是政府，政府财力不足要依靠银行贷款，银行作为企业对贷款人的财物状况和经营情况有严格限制，政府作为公路建设项目的贷款人很难满足贷款银行的要求。为了修路，为了贷款，政府不得不寻找或搭建一个能满足银行要求，能够取得公路建设贷款，并能够承担还本付息职责的替身，这一替身就是政府还贷公路建设和运营管理企业。该企业必须符合《公司法》要求，按照企业组织架构运作，这样就可以将政府无钱修路需要贷款的行为，合法合理地转为企业贷款修路，收费还贷。该企业必须按照贷款银行要求提供财务状况良好，经营情况良好，能按期还本付息的会计报表，即必须按照企业会计制度要求进行会计核算。

由于许多省区政府应当配套地方政府项目资本金没有到位，政府还贷公路企业必须通过贷款来补足该资金，这种贷款纯粹就是政府行为。还有，由于建设项目超概算，公路通车运营初期收入小支出大，有较大资金缺口；公路大中修、收费站改扩建时资金不足需要贷款等，这些行为本质上就是政府行为。

第六，政府还贷公路企业的贷款还本付息应该是政府行为职责。

既然政府还贷公路企业的贷款属于政府行为，那么，还本付息就必然是政府职责。国务院《关于固定资产投资项目试行资本金制度的通知》（国发〔1996〕35号）中"由投资者认缴的出资额，对投资项目来说是非债务性资金，项目法人不承担这部分资金的任何利息和债务"，明确告诉我们，地方政府项目资本金未到位使用的贷款及其所产生的利息，属于地方政府对公路企业的债务；超概算投资中35%的投资应当是国家和地方政府对公路企业的债务，公路运营初期入不敷出的差额，应当是地方政府对公路企业的补助，也是地方政府对公路企业的债务。这样算下来，公路企业本身没有什么债务可言，其所有债务，除地方政府授权以收费权质押取得的项目贷款（银行贷款），这一债务表面上看是公路企业对银行的，实际上是政府对银行的外，其他所有债务全部是政府对公路企业的债务，或者说是政府对债权人的。那么，还本付息的职责是否就全部成为政府的责任。政府可以授权、可以批复由公路企业代为清偿，公路企业清偿不了，当然就必须由政府清偿了。

能将事业财务管理与企业会计核算熔为一炉的单位，在世界上恐怕除了中国的政府还贷公路经营企业之外，再找不出第二家。换句话说，用企业的瓶装着事业的酒的现象，只有中国有，这就是中国特色。

能将政府、事业、企业概念不断转换的单位唯有中国的政府还贷公路建设与运营管理单位，有人说它像政府，有人说它像事业，还有人说它像企业。到底是什么？没人能说清。

# 事业单位内部有偿服务的问题及对策

[摘　要]　本文针对事业单位在用车、复印打字等内部服务部门实行有偿服务后出现的结算时间有意拖延、结算价格随意提升、结算数量虚报冒领，导致内部服务因结算费用过高引起使用部门不满，不愿接受内部服务，造成内部服务闲置，外部支出加大的本末倒置问题，提出了限定结算时间，规定结算人员，取消结算价格，严核结算数量，修改目标任务，制定新的奖惩办法的解决措施，较好的解决了内部有偿服务存在的问题，调动了内部服务人员的积极性，提高了单位内部服务水平和效率，节约了经费支出。

[关键词]　事业单位　内部有偿服务

随着经济体制改革的深入，科研事业单位也被分为基础研究、应用研究、开发研究等多种类型，相应管理方式也分为全额预算管理和差额预算管理两大类。我所属于开发型科研单位，实行差额预算管理。离退休人员经费实行定额补助，在职人员经费削减为零，必须靠自己创收才能维持生存、谋求发展。在这种情况下，我所为了充分挖掘内部潜力，调动各方面积极性，采取了对直接从事科研开发的一线科室实行承包管理方式，而对从事科研辅助工作的车间、车队、复印、打字等部门实行内部有偿服务管理方式，使他们同一线科室一样，进入自己养活自己的行列。

实行了内部有偿服务之后，不仅调动了这些科辅部门及人员的积极性，增强了他们的服务意识与经济观念，使他们感到有任务、有压力、必须干多少才能拿到工资、奖金，更重要的是，由于这些部门也在承保范围，也是自己养活自己，这就大大减轻了一线科室的创收负担，减少了行政经费支出，还为下一步改革打下了良好基础。

事物都是一分为二的，内部有偿服务也不例外。我们在几年的实践中发现，这一管理办法仍存在不少问题，最关键的是结算问题，主要表现在结算时间、结算价格、结算数量三个方面。

在结算时间方面，虽然我们规定每季度结算一次，但执行起来困难较大。我所内部结算数量最多、难度最大得是车队的用车费。由于驾驶员整日忙于跑车,很难按时结算。有的驾驶员刚来结算就有人急着用车,我们也无可奈何。加之许多一线人员常出差在外或在工地,课题本(我们对科研人员实行单课题核算,每个课题一个经费本,记录其收入、支出和结余数。经费本由课题组长保管,每次报销、转账都须下经费本,发生赤字不予报销和转账)有时拿不出来,驾驶员也没办法结算。有的驾驶员好几个月甚至半年才来报一次差费,让驾驶员按季结算甚至是半年结算一次都比较困难。

在结算价格方面,虽然我们制订了一套结算办法,规定什么车每公里、每台班收多少钱,起价费是多少,但实际执行中往往很难照办,基本都是驾驶员要多少,乘车人给多少,结果越要越高。跑长途时,除付用车费外,还要给驾驶员管烟、管饭,还得抽高档烟,吃高档饭,这样一线人员就吃不消了。跑短途办事,因等人要收等时费,且起价就是 30 元,一线人员就干脆去坐出租车,觉得出租车比所内的车要省好多倍。跑市内驾驶员这样收费也有它的道理,我一上午(或一天)就为了你,不等你我还可以为别人跑;我来上班没人要车时我工资谁付?跑一趟不收 30~50 元我能养活住自己吗?机加工的价格亦是如此,不过因对内数量少,使用频率低,主要靠挣外单位的钱,问题倒不多。打字复印方面,复印价格较规范,打字价格较高,好多一线人员就自己给自己打。

在结算数量方面,用车的数量因乘车人很少关心跑了多少公里,只管收了多少钱,加之驾驶员没有及时结算,到年终一次收费,许多人便是哑巴吃黄连。

复印结算的焦点是复印数量。我所从事科研、设计、检测等工作,复印量特别大,现有五台复印机仍满足不了需要。日常复印时,因许多人懒的每张登记,只在原来登记的复印数量上加上新印的张数,这边给复印收费留了空子,也是复印费数量不实的重要原因。另外,日常复印张数记录都是小写数字,易于涂改,这位复印部门又开了一扇方便之门。还有,在用车、复印、打字各方面对一线和二线均是有偿服务,二线有些人员认为结算费用大小对自己影响不大,对用车收费多少,复印打字多少张不在乎,多收了算送人情,结果更助长了这些有偿服务部门的滥收费风气。

除结算问题外,在对有偿服务部门奖惩兑现方面亦很难把握尺度。我们订目标、编预算都在年初进行,对这些部门的目标和奖惩办法制订

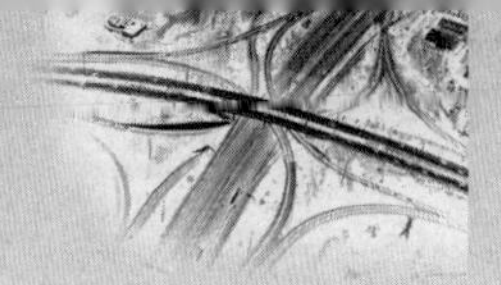



亦是如此。由于这些部门的收入与全所业务量大小关系非常密切,而全所总业务量难以预测。结果目标订得过高,这些部门完不成任务,年终拿不到一分钱奖金,觉得干了一年很冤枉;订得太低,年终奖大大超过了全所的平均水平,其他人员又不服气。所以我们这几年临近年终才给他们制订分配办法,他们又未能及时结算结果只能到下年的一季度末领上年的奖金,他们也颇为不满。

由于这些有偿服务部门结算的不实,造成我所行政费支出大幅度增加,使预算失控;同样造成课题费支出虚增,内部结算收入同步虚增。内部有偿服务结算的不合理,产生的最严重后果就是我所资金外流加剧。由于用车价格的不合理,抑制了本所车辆的正常使用,有一度驾驶员一连几月没事干,所内有些人则租用外单位车,坐出租车;由于复印、打字结算不合理,有的一线人员就去外边复印、打字,结果是我所资金大量外流。资金外流内部人没事干,这些部门并不着急,因为年终才决算,完不成任务,所长自然会想办法,总不能让我们白干一年呢!

对内部有偿服务存在的问题,我们初步设想了如下对策。

解决这些问题的基本原则:要让这些部门及人员有动力,还要有压力,促其为科研开发和管理工作提供优质高效服务,所里应保证这些人员的利益不受损失。

基本思路:限定结算时间,规定结算人员,取消结算价格,严核结算数量,修改目标任务,制订新的奖惩办法,一线的课题和项目按享用量大小大小向其负担工资及产值,并分摊支出。具体办法如下。

严格限定结算时间,按季结算,规定每季度末的次月下旬为内部结算时间,由这些部门负责人按期到财务部门结算。因这些部门负责人时间较充足,按期结算有时间保证,不致因结算而影响驾驶员、复印等人员工作。

取消结算价格,对驾驶员采取按里程、用车次数、支出考核,下达基本里次、支出任务及超额里次、支出任务。基本任务保工资,超额任务保奖金。超额任务又分三档,逐档升级发奖金,以鼓励他们多拉快跑,节省开支。改用此法后,驾驶员不再向乘车人直接结算用车费,其支出先由所行政费垫支,后再按课题享用数分配计入各课题、项目成本。

为使课题、项目成本不致因为内部结算方法改变而虚减,控制一线人员滥用车,我们将驾驶员应上缴所里的工资、产值及本人差旅费、车辆的汽机油和配件款、修理费等支出之和用全年总里次数去除,求得每车次应负担的费用和支出，根据课题、项目用车的里次数算出该课题应负担某车辆的费用支出数，收回时直接冲减行政费。这样可防止课题、项目成本虚减和结余虚增，也使行政费实际支出数不致因结算方法的改变而与预算数差别过大。

对于目标任务的确定，我们将根据以往 3 ~ 5 年的资料，合理确定每个驾驶员每年的基本里次、支出任务，超额里次，支出任务及档次。此法仍是每个驾驶员单独核算，支出计入个人经费成本。用车时由用车人填制印有编号、车别、日期、缘由、起始地、里程大小写等内容的两联式派车单，回所后交车队长一联，驾驶员留一联。其中，里程数必须将派车单和车辆里程表对照核定。

新的奖惩办法主要按下达的基本任务和超额任务考核，完成基本任务的，发其全部工资，完不成的，按比例扣工资。完成超额任务一档者，发二线平均奖 80%；完成超额任务二档者，发 100%；完成超额任务三档者，发 120%。在档间者按比例增或减。其中，里次任务每超挡百分之几，发奖比例增其数，反之减其数；支出每低档百分之几，发奖比例增其数，反之减其数。若支出中含大修费、肇事费等特殊费用另行处理，奖惩每半年兑现一次。

对复印、打字按张次考核，其办法与用车费类似。

总之，内部有偿服务是我所一个较为成功的尝试，要使其能充分、有效地发挥作用，还有待进一步总结、改进和完善。

（本文发表在《陕西交通会计》1996 年第 4 期）

# 事业单位企业化管理探讨

[摘　要]　本文以西安公路研究所为例，对事业单位企业化管理的做法、体会，存在的问题进行了探讨。

[关键词]　事业单位　企业化管理

我们西安公路研究所原是全额预算管理的事业单位，靠吃"皇粮"度日。科技体制改革将我所在册职工的全部经费拨款消减为零，离退休人员经费实行定额补助，是我所成为新兴的主要靠自己养活自己的差额预算管理单位。

由于我所从事的国民经济基础产业研究，社会效益显著，经济效益并不乐观；我们的研究项目大多周期长、见效慢，目前我国技术成果商品化程度又很低，在这种条件下，我们要养活自己，并要负担离退休人员的部分开支，困难的确很大。为了生存，为了发展，迫使我们大刀阔斧地进行改革，向企业化管理方向迈进，我们主要抓了以下几方面的改革。

## 一、面向市场抓财源

首先，我们抓财源。将科研单位的生存之本——科研题目及项目从数量、结构、研究与开发范围、来源渠道、开发研究人数、立项时间等多方面入手，以保证我们的财源不断。

改革当初，我所的研究课题(上级分配的，又叫纵向课题)只有十几个，工作项目(自己联系的，又叫横向课题)只有几个，而且纵向课题投入的经费绝大部分不够用，只有再三请求上级补助方可持平，几乎没有余款；横向课题因数量太少，虽说每个课题均有余款(收益)，但收益总额不大。当我们只有多搞横向课题才能有较大收益时，我们便制定倾斜政策，努力加大横向课题数量，同时也不放弃向省厅、省科委、交通部争取纵向课题机会。终于，我所的课题数量从改革前的十几个增加到目前的二百多个；结构也发生了跟本变化，纵横课题比例由原来的3:1变成了现在的1:3。在研究与开发范围方面，我们原来只在公路交通部门内部找课题，现在建筑、地质、地基基础、民航、土木工程、尤其是高等级公路方面都能一显身手。原来只注重单纯的研究工作，现在研究、试验、检验、检测、监理、设计、施工等各方面工作并重。经过这样努力，我们的收入和课题经费来源便向多元化辐射状发展。课题数量增多后，原来多人干一个课题就成了目前有许多是一人兼干多个课题。有些科研人员在前一个项目还没干完就找好了下一个项目甚至是下几个项目，使得我所课题立项时间大大缩短，我们的财源也在一定程度上得到了保证。

## 二、定死任务抓创收

在开辟好财源工作，如何管好用好这些财源成了我所改革的重点所在。

改革前我所主要靠上级拨款维持正常运转，课题数量较少，对课题经费及横向收入的管理显得不太重要。改革之后，首先面临职工工资和基本事业费无着落的问题。根据我所的实际，若将职工工资和基本事业经费支出分摊给有创收能力的一线科室负担，一方面吃惯了皇粮，从未负担，养活过别人的一线人员难以接受，另一方面因各室、各课题组人员的课题收入到位不同步，有的研究室半年内绝大部分人员无课题，将月分摊或按季分摊工资和基本事业经费支出都很困难，我们就将分摊方式改为上交方式，将尽义务变成必须承担的责任。采取定死上交任务，确保职工工资和基本事业费支出有来源，工资和基本事业费有所行政费先垫支，一线人员到年终交清自己应上交的任务。上交任务分工资和产值两部分，工资按本人职务工资和津贴两项之和的 1.4 倍计收，产值则按每标准工程师年交 6 000 元，高工合 1 个标工，助工合 0.7 个标工，技术员合 0.5 个标工，承担纵向课题人员减收产值 30%。交不了工资的从下年起停发工资，交不了产值的停发一切奖金及津贴，定死了任务之后，一方面所里的基本开支有了保障，另一方面，一线人员有了责任，有了压力，更有了动力，挣够多少才能拿到工资、奖金，他们一算便知。

## 三、单题核算控成本

对于科研课题和项目，除抓好来源，管好收入外，更为关键的是控制其成本支出。为了更科学、更有效地对科研课题和项目进行管理，我

们对每个课题进行核算，除账务处理上单独列示各课题的收入、支出外，日常报销结算活动中给每个课题核发一个经费本，上面记载该课题起止时间(以合同为准)课题负责人及参加人。每次到款计入经费收入栏，每次报销计入经费支出栏，并在结余栏写出每笔支出后的课题余款数，发现课题款用完时，不予报销和转账，保证每个课题有款可用，不侵占所里和其他课题的经费，对课题支出的控制按照劳务费、原料费、设备费、加工费、试验费、鉴定费、调研费、资料费、其他费等项目进行考核，发现哪一项超常增长则追其原因，严格控制不合理开支，并有课题组长、室主任、主管所长、会计、稽核、审计等部门和人员层层把关，保证课题费支出合理、合法、真实。按照课题起止时间和完成情况，我们对纵向课题支出截止到成果鉴定；横向课题支出截止到开出提成结算单，一旦课题停止开支我们便收回课题经费本，无经费本的课题一律不予报销和转账，保证课题支出不超额，结余款不随意动用，超支课题全部自补。

### 四、全面核算抓结余

课题结余款除采取限制使用办法外，还采取全面核算成本支出，努力降低公共消耗性事业经费的抵补，以使课题结余额及奖金提成额比较合理。对收益率较高的设计、工程可行性研究、监理等项目，我们则采取课题承包方式管理，包死上交数，控制其支出在一定范围之内，保证所里的结余(收益)不被侵吞，这也是我所课题管理努力的方面。对于全面核算成本开支，我们的做法是除每个课题的直接费记入其成本，上交的工资、产值记入其成本外，我们又将所里公共性费用如水电费、房费、及各室设备仪器使用费、长途电话费、所内用车费、复印费、打字费、加工费等内部服务费用和领用所里的工具、材料、办公用品等费用记入成本，达到全面、真实地反映课题成本支出，合理计算课题结余及奖金提成。

### 五、拉开档次抓分配

为了鼓励一线人员多创收，我们在分配方面采取按劳分配、多劳多得的政策。

每年年初，我们编制出每个室应完成多少创收任务的计划，年末，对超额完成任务的科室按超收比例分三个档次予以奖励。对未完成工资上交任务的科室和人员停发工资；对未完成产值、房、水、电、设备费的科室和人员，不发奖金及各种津贴，对未完成的任务留归下年继续完成，迫使每个科室完成自己的任务。

### 六、有偿服务抓辅助

在对一线科室制订并实施了上述管理办法后，我们将为一线及全所服务的车队、复印、打字、机加工等部门似同一线进行管理，每年下达应上交工资、产值、房、水、电、设备费任务，完不成任务的同样扣发工资和奖金。要完成上交任务必须保证其有收入来源，这些部门主要是为科研及管理工作服务的，我们便将其服务改为有偿制，无论对科研还是管理工作，均实行有偿服务，这样即使他们感到有压力，必须提供优质、高效服务才能完成任务，才能拿到工资和奖金，又给他们以动力，除完成所内服务工作外，还积极在外部找活干，减轻了全所特别是一线科室的负担。



### 七、严格预算控支出

对我所行政后勤等二线部门和人员来说，他们没有创收能力，干的都是花钱的事，我们对其花钱也进行了严格地预算和控制。

每年年初，我们编制出全年行政事业费预算，除水费、电费、邮电、燃料等公用性费用外，对差旅费、用车费、办公费、会议费等部门和个人易于控制的支出按人头及业务量大小预算到人分配到室。每室发一个经费本，记录本室本年各种费用的预算分配数和每次报销的实际支出数，若发现某室那个费用项目超出了预算则暂不予报销，待所长研究后解决。同时对自己报销的超支部分要核减部门次年同一项目的费用预算数。



### 八、分流人员办实体

为了减轻一线人员负担，增加所里的收入，培养一批有开拓精神的科技企业家，我所努力精简和压缩行政后勤人员队伍，并鼓励一线有开拓精神的科技人员创办经济实体。截止到1994年年底，我所已将二线队伍由原来的近90人压缩至40多人，整理了汽车配件经销部，劳动服务公司商店及餐厅，分流走了汽车队、复印室、情报站。由一线科技人员创办了西安科海测力称重技术研究所、西安奥力新材料开发研究所、珠海欧亚太土木工程研究所、西安汇群科工贸公司等经济实体，这些部

门和人员为我所的生存和发展都作出了贡献。

**九、更新设备充后劲**

为了不断增强我所的发展后劲，我所将每年净收益的55%作为所发展基金，其中的30%又划归室作发展基金，规定发展基金只能用于购置设备仪器。现代科技需要现代化的仪器设备来支撑，我们鼓励一线人员用课题经费和室发展基金购置仪器设备，对大型的和较为贵重的仪器设备则由所里出大头，室里出小头的办法，以调动一线科室购置必需的科研仪器设备的积极性，不断充实我所的发展后劲。

虽然我们在企业化管理方面做了不少努力，也取得了一定成绩，但目前我们仍面临着一些亟待解决的问题。

问题之一，科技人员精力分散。

改革将我们所推向了市场，我们不得不为了生存整天疲于奔命，一线科技人员更是如此，他们普遍感到压力太大。我所课题主要靠一线人员自己给自己联系，这严重分散了他们从事科研和开发工作的精力。他们大多已不愿搞研究课题，都乐于运用现有技术和成果直接去创收。这样，一方面，制约着我所科研水平的提高，让科研人员去搞非科研型业务似乎在扬长避短；另一方面，科研单位搞创收，科技人员闯市场从长远看对国家，对社会的发展与进步都将产生不利影响。从我所目前状况看，应建立起稳定的科研队伍和高效的创收队伍，科研与创收分离，成立专职市场开发部，专事承揽业务、推销产品已迫在眉睫，这样更有利于我所的长期发展和社会的快速进步。

问题之二，机构臃肿负担重。

虽然我们曾进行过多次人员分流，但二线队伍仍显庞大，占全所在职职工人数30%左右。许多人一年没多少事，一个人的事几人干，对此一线人员意见很大。为了减轻一线负担，我所二线队伍仍需精简，使其能高效运作。合理安排富余人员就业，培养和造就一支高效、精干的管理队伍是我所的当务之急。

以上简要介绍了我所从吃“皇粮”到自己养活自己，似同企业之后我们的改革及管理情况，希望能给将要实施企业化管理的事业单位一点启示，也希望得到企业化进程更快、效果更佳的事业单位给予我们热情帮助。

（本文发表在《陕西交通会计》1996年第1期）

# 浅议计划与财务的关系

[摘　要]　本文通过计划与财务脱节的表现及弊端、计划与财务的共同点、计划与财务的异同点分析比较,简要论述了计划与财务的关系。

[关键词]　计划　财务　关系

计划与财务是经济管理的两种手段、两种方法。这两种手段、两种方法在国家宏观经济管理,行业、省市自治区中宏观经济管理,企事业单位微观经济管理中均不同程度的发挥着作用。在新中国成立初期至改革开放初期,三十多年时间实行计划经济,执行计划管理,财务管理服从和服务于计划管理,财务管理地位不突出,作用不明显。几十年的思维定势和思维惯性一直影响着中国各级政府、各类行政事业单位及各个国有大中企业。时至今日,政府机关、事业单位、国有企业几乎都设置计划部门,以计划管理统筹政府管理、事业管理和企业管理全局。一些单位计划与财务部门合并设置,计划与财务能够达到较好的统一,还有许多单位的计划部门与财务部门分设,有不同的分管领导分别管理,较难统一。

## 一、计划与财务脱节的表现及弊端

据笔者了解,部分计划与财务部门分设、单位领导分管,计划与财务两张皮现象较为突出。计划部门以为,计划就是统筹全局的,所有单位和部门必须听计划部门的,按计划部门的要求办理。

第一种表现是计划随心所欲,想怎么下就怎么下,想下多少就下多少。个别单位以正式文件下达的计划和批复的事项,存在计划列支渠道不正确、不准确、不明确的现象。比如,批复的改造工程支出在已竣工决算并取得上级批复的建设项目中列支,此为计划列支渠道不正确;批复的某些费用支出在预备费中列支,此为计划列支渠道不准确;批复的某些费用支出无列支渠道,此为计划列支渠道不明确。对于批复的列支渠道不正确、不准确、不明确的文件,除了财务部门能够指出、说清并关心外,其他部门、领导均不关心,也看不出、说不清。对于批复文件

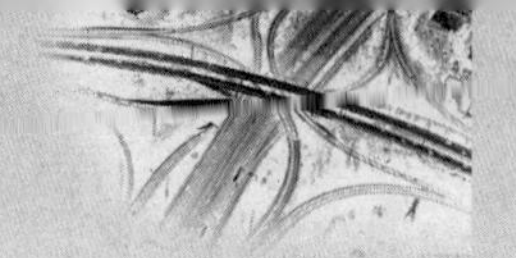





中没有明确列支渠道的支出事项，财务部门无法办理。让总部机关经费会计办理不合适，让建设项目会计办无依据，让运营会计办无依据，让经营会计办理更不合适，不办所属单位不答应。结果，财务部门和财会人员不执行单位文件，单位领导批评，所属单位不满；按单位文件执行违反国家财经纪律和财务制度，上级财政、审计、财务部门要追究责任，财务部门和财会人员处在两难境地，无法选择。所属单位认为，计划部门替他们考虑，解决他们的实际困难，财务部门却生搬硬套、抠抠掐掐，这钱不愿给，那钱不愿付，总扮演反面角色，当坏人，唱黑脸。

第二种表现就是计划只管想干什么事，办这些事需要多少钱。至于单位有多少钱，缺多少钱，如何弄钱，能弄多少钱，这是财务部门的事，与计划部门无关。结果由于资金无法落实，许多计划事项落空。打个比方：计划部门下达计划，抓两个大熊猫，做两件皮衣，烹 50 斤红烧熊肉，皮和肉到财务部门领取。

第三种表现就是计划与财务预算口径不一致。

财务预算一般要根据业务特点、财务制度、会计制度等要求编制，所涉及的预算收支事项、支出中的成本、费用，均按照会计制度规定的会计科目或类似于会计科目的收支项目编制填列，而单纯的计划经常不考虑上述要求，按照下级单位申报事项，单位领导、上级领导安排的事项编制填列，两者的口径差异极大，已下达的计划财务部门在会计核算方面会遇到许多困难。在有上级财政部门批复预算的单位，单位下达计划中包含许多上级批复预算之外的支出事项，个别单位对财政批复预算中的内容，计划没有下达，财政批复预算中没有的内容，计划以预备费统揽下达。

第四种表现是文件批复某费用支出列支在上年度计划之中。

在上年财务决算报出之后，单位文件批复某费用支出列支在上年度计划之中，财务不按文件执行有问题，按文件执行就得重新编报上年度决算，重新上报董事会审定，重新上报上级主管部门，这从财务角度肯定行不通。计划部门认为，项目计划当年完工，年度当年已经下达，计划不能重复下达。业务部门认为，业务执行中由于主客观原因导致项目实施工期滞后，该项目有计划，实施是有依据的，财务按工期拨付了资金，具体当年有无计划是计划部门的事。财务部门认为，财务按照年度计划筹措、拨付资金并进行会计核算，跨年度项目未完成计划必须结转到下年度，当年没有计划的支出视同无依据支付、无依据核算。计划、财务、业务部门及其分管领导三者之间很难达成一致。

由于计划中存在与财务预算口径不一致，与单位资金情况不匹配、列支渠道不准确、不正确、不明确，列支渠道前置等问题。财务执行后被上级财政、审计、财务部门批评，要求财务部门整改，财务部门与计划部门无法沟通，结果变成了财务部门不遵守财经纪律、不执行财务制度。对于无法执行的计划，单位主要领导不满意，查明原因后要求计划按照财务预算批复和财务管理、会计核算规定的口径编制，计划与财务两张皮现象才得到初步扭转。原来一味追加项目、追加计划的文件不得不核减那些不切实际、不迫切的计划项目，不得不一次又一次调低计划额度。

计划不考虑资金的配套情况，不考虑列支渠道的正确性、合理性，不考虑实施的可行性，不考虑与财务管理口径的统一性，非但不能统揽全局，指导单位工作，还能引起单位内部部门之间、部门与所属单位之间矛盾重重，推诿扯皮现象不断发生。出现问题难以分清责任、难以及时、正确解决，可能引起单位管理效率低下和管理混乱。





## 二、计划与财务的共同点

计划与财务同为单位经济管理的手段，其管理内容相同，均为单位各种经济业务；管理对象相同，同为单位内部各部门、所属各单位；管理目标相同，都是为了提高单位的管理效率和经济效益，促使单位合法、合规、合理、更好、更快发展。

## 三、计划与财务的异同点

1. 管理思路和指导思想不同

计划是以想干什么、要干什么为指导思想，是事前管理行为，以预测、规划为主要思路；财务是以能干什么为指导思想，以干了什么为参照，是事中管理行为，以政策制度是否允许、资金是否有保障、是否有利于提高经济效益为主要思路。

2. 制度要求不同

计划主要依据上级部门计划、单位发展规划、单位实际需要等编制，没有硬性的法律、制度的约束，财务主要依据《会计法》、《财务制度》、《会计制度》等要求实施，由刚性的法律、法规、制度和严肃的财经纪律约束，有严格的条条框框限制。

3. 责任不同

无计划、超计划、计划不切实际均不会受到直接处罚，处罚的责任被转嫁到下一站，转嫁到财务头上，以财务把关不严为由处罚、责怪财务部门和财会人员。违反财务制度、财经纪律，就要承担经济的、行政的，法律的责任。财会人员替领导受过已经司空见惯，计划人员几乎没有。

4. 技术含量不同

计划的技术含量相对较低，仅仅需要调研、统计、预测等简单技术，财务的技术含量相对较高，需要财务会计专业知识和专业技术、需要获得国家相关财政货币经济政策、法律、法规，需要合规、合理的确认、计量、记录，报告经济事项，需要对经济事项进行预测、决策、计划、控制，要运用凭证、账簿、报表技术和预计资产负债表、预计损益表技术对单位的财务状况、经营成果进行全面总结和准确预测。财务要求全面、连续的记录经济事项的产生、发展、完成过程和结果。计划一般只管两头，不管中间；财务要求会计要素间的勾稽性、逻辑性、计划性无此要求。常言道，吃不穷、穿不穷，计划不到一辈子穷，讲的是计划和预测的重要性，而计划没有变化快又讲出了计划的不准确性。财务管理中常用的资产负债率、资产周转率、流动比率、速动比率、收入利润率，每股收益、利息保障倍数等等技术指标，计划一般不用。计划中的核算为经济核算，相对简单、粗糙、没有准则、制度约束，财务中的核算为会计核算，相对复杂、细腻，要受到会计法、会计准则、会计制度的限制和约束。

**四、计划与财务的关系**

计划与财务的关系如同战略与战术，自由交通与轨道交通，敞口管理与收口管理，理想与现实的关系。

如果说计划是工可研，详细计划就是初步设计，财务预算则是施工图设计，财务预算的执行就是施工，对财务预算执行情况的监督检查就是审计。

财务预算执行，实施的主体，即施工单位是各业务部门和管理部门，是所属各单位；施工最高指挥者、组织者是各单位领导；施工的现场指挥者、组织者是各业务和管理部门领导、各所属单位领导；具体的施工人员就是各部门员工、所属各单位员工。

财务部门领导有资格参与决策、指挥和组织工作，但他们的意见和建议必须得到本单位领导、特别是本单位最高决策者的采纳,才能起到作用。如果最高决策者不采纳财务部门领导的意见和建议,由于各业务部门、管理部门、所属各单位与财务部门是平级机构,财务部门无权对他们发号施令。出于部门利益,单位小团体利益的考虑,财务部门的监督、审核经常会受到抵制和反抗。所以财务的监督、审核、决策建议权利的行使,必须取得单位最高决策者,单位一把手全面、全过程、全力支持,否则,计划与财务的相互掣肘、财务预算、财经纪律与财务制度的执行可能会大打折扣。

笔者建议,单位分管计划的领导与分管财务的领导最好为一个人,最好为单位一把手,这样计划与财务的关系从体制上、根本上能够理顺。计划与财务的关系藕断丝连,千丝万缕、看起来简单、讲起来却并不简单。笔者在此浅议两者关系,难免挂一漏万,希望专家、学者赐教。

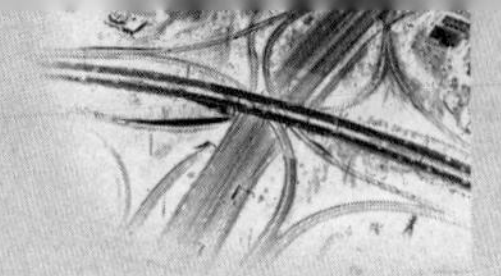



# 后 记

出版《公路交通财务会计问题研究》是我多年的心愿。

从一九八八年参加工作起，我就开始向财会杂志投稿。毕业当年就有一篇短文被《陕西交通会计》刊登，我特别兴奋。一九九一年，我写的《西安市科技兴市专用考评指标体系基本构架设想》一文荣获西安市首届“科技兴市”征文活动三等奖，我参加了颁奖典礼，并在电视上露了相，当时工作的西安公路研究所许多职工看后对我大加赞赏。时任副所长赵学勐(陕西省第一批享受国务院津贴专家、教授级高工)对我的鼓励更让我终生难忘。他说在我们小小的研究所、一个年轻的财会人员(当年我27岁)竟然与交大、西工大、西大等知名高校老师一同获奖，真是了不起。

二十多年的财会生涯，几十位领导、专家、教授的悉心教诲、热心栽培，至今历历在目、让我备感欣慰、倍感无比幸福！

我的恩师周国光教授，从我一九八四年入学时担任我的班主任，至今28年的师生情谊。我可能是受周老师恩惠最多、关照最多的学生。拙作即将出版，周老师在百忙之中挤出时间专门写了序，有这位在中国公路交通财会领域最权威的专家、最知名的学者的扶持，拙作定会骤然增色，在此非常感谢恩师周国光教授。

西安公路研究所，这是我工作了十五年的地方，我常说是我的娘家。时任所长范建华，与我一起进入研究所，同宿舍的舍友，情同手足。他担任所长期间，研究所财务室的地位达到了历史最高峰。涉及财务的事项财务室说了算，是他的一贯主张，他签字同意的支出被我挡回是常有的事。编制单位年度预算，各部门报送的资料先由财务室审核，财务审核同意后再提交所长办公会是他定的规矩。他对财务部门的信任、支持，为我提供了发挥自己专长的舞台，也让我在这个舞台上初步展示了自己的能力并获得一定的成绩。

感谢范建华，我永远的领导和朋友。

西安绕城高速公路生态林带管理局，进入这个从成立到终止仅仅四年多时间的单位，是我人生的重大转折点，是我的事业从简单到中等复杂、再到复杂的平台和训练场，它让我在认识社会、了解社会、拓宽视野、丰富知识等方面有了质的飞跃。原局党委书记、现任陕西省交通运输厅党组书记、厅长冯西宁，原局长、现任陕西省交通建设集团公司党委书记、董事长杨育生就是在这一平台培养、锻炼、熏陶，教我做人、做事，助我成熟、成长的老师。两位领导对财务工作的重视、支持，对我本人的关怀、爱护，我将永远铭记在心。

感谢冯西宁厅长，我的老书记！

感谢杨育生董事长，我的老局长！

陕西省交通建设集团公司是我现在供职的单位，董事长杨育生先生是我做人做事的楷模，总经理韩定海先生对我在财务管理方面的思想启发和开导帮助特别大。韩总经理提出的财务会计工作是痕迹管理，融资工作是看不见的战线，公路企业贷款是政府行为等观点让我茅塞顿开，让我的管理水平有了很大提高，也为我许多论文提供了观点素材。本书中《政府还贷公路企业贷款是政府行为》一文就是依照韩总的观点，从财务会计的角度展开的。他提出并组织实施的对集团各单位一把手不定期进行财务会计知识考试，对全体财务人员每年进行一次业务知识考试措施，在集团内外反响极大，集团上下学习财务制度、财会知识已蔚然成风，为财务部门地位的提高和财会人员作用的发挥起到了发动机的作用。

感谢韩定海先生对我的鼎力支持！

本书的编辑出版得到了中国交通会计学会秘书长汤永胜、《交通财会》编辑部主任雷京娜、编辑程红的大力支持，得到了陕西省交通运输厅副厅长魏培斌、总会计师李峥嵘、资金处处长刘世建、副处长王齐岭的热情鼓励和大力支持，在此表示最衷心感谢！

陕西交通集团总会计师张彦霞积极支持本书的结集出版，财务部马子梅、王一平、冯凌、李曼红、张瑾、冷晓燕、付潇等同志为本书做了大量的打印、校对、审核等幕后服务工作，并提出了宝贵意见，在此表示感谢。

初次结集出书，水平有限，经验不足，难免存在疏漏之处，欢迎各位领导、专家、同仁批评指正。

学海无涯，我深知自己对公路交通财会方面的研究探索仅属皮毛而已，我还会继续努力，以苦为舟，不断划向公路交通财会大海更深处、更远处，以更高质量、更成体系的作品回报所有关心、支持、帮助、指导过我的各位领导、老师、朋友、同事！

2012 年 8 月 8 日于西安